家居智能化支撑技术及应用研究

雷　娟◎著

中国水利水电出版社
www.waterpub.com.cn
·北京·

内 容 提 要

随着经济的发展，人们对现代高品质生活的需求日益增长。在这个背景下，智能家居作为品质生活的代表，成为未来家庭的必然需要。

智能家居是在网络、大数据、物联网和人工智能等技术的支持下实现的，本书主要对其支撑技术进行研究，并对其典型应用进行介绍，主要内容包括：智能家居强电布线施工操作技术、智能家居弱电布线施工操作技术、智能家居通信与组网技术、智能家居控制技术、智能家居安全防范技术、家居智能化的典型应用等。

本书结构合理，条理清晰，内容丰富新颖，可供相关工程技术人员参考使用。

图书在版编目(CIP)数据

家居智能化支撑技术及应用研究 / 雷娟著. —北京：中国水利水电出版社，2019.3（2024.8重印）

ISBN 978-7-5170-7637-7

Ⅰ. ①家… Ⅱ. ①雷… Ⅲ. ①住宅—智能化建筑—研究 Ⅳ. ①TU241

中国版本图书馆 CIP 数据核字(2019)第 079697 号

书　　名	家居智能化支撑技术及应用研究 JIAJU ZHINENGHUA ZHICHENG JISHU JI YINGYONG YANJIU
作　　者	雷　娟　著
出版发行	中国水利水电出版社 （北京市海淀区玉渊潭南路 1 号 D 座 100038） 网址：www. waterpub. com. cn E-mail：sales@waterpub. com. cn 电话：(010)68367658(营销中心)
经　　售	北京科水图书销售中心(零售) 电话：(010)88383994、63202643、68545874 全国各地新华书店和相关出版物销售网点
排　　版	北京亚吉飞数码科技有限公司
印　　刷	三河市华晨印务有限公司
规　　格	170mm×240mm　16 开本　12 印张　215 千字
版　　次	2019 年 6 月第 1 版　2024 年 8 月第 2 次印刷
印　　数	0001—2000 册
定　　价	58.00 元

前 言

近年来，伴随着我国人民生活水平和消费能力的不断提高，人们逐渐开始向往更加舒适安逸、方便快捷的家居环境，新需求不断增加以及信息化对人们传统生活的剧烈冲击，使得许多人尤其是先富起来的那部分人对智能家居的需求日益强烈。在智能家居控制系统中，各种智能电器与功能各异的传感器配合着有线连接技术与无线连接技术，完成对整个家居环境中各种设备的控制及监测；同时，智能家居系统也可以通过互联网与外部世界紧密联系在一起，从而轻松实现家居环境与外部信息世界的互联互通，大大方便了人们的日常生活与出行活动。由此，智能化小区建设的发展近年来如火如荼，智能家居市场十分火热，各类产品层出不穷，全国总体求购需求呈现指数式增长。其中，智能家居产品在防盗报警和楼宇控制等领域使用得比较多；从用户角度来看，家居控制和家居环境、娱乐的市场需求较为迫切。

在当今信息化社会中，人们不仅仅需要舒适的居家环境，更需要一个智能化、信息化、便捷化的能“读懂”人们心思的家居环境。随着整个社会的信息化速度加快，越来越多的通信技术、信息技术渐渐展现在人们生活中，人们的生活、生产方式随着技术的进步在发生着翻天覆地的改变。物联网(Internet of Things，IoT)概念的应运而生，更是加速了智能家居技术的发展与完善。在现代智能家居的概念中，许多人们日常使用的基本家居物品都可以相互交流、相互沟通，这正符合物联网“万物互连(联)的互联网”的定义。

智能家居又称智能住宅、智慧住宅，在国外常用 Smart 或 Intelligent Household 表示。智能家居的定义有许多种，现如今大众比较认同的一种说法为：智能家居是基于已有家居环境，利用综合布线技术、自动控制技术、安全防范技术、网络通信技术、音视频技术将与日常生活有关的设施集成，构建高效、便捷的住宅设施与家庭日程事务的管理系统。智能家居的主要益处就是让人们的生产、生活空间更加简便易用、舒适安逸、绿色健康、节能高效，为人们提供一个“智慧生活空间”。

本书以实用的编写思路，紧扣“智能家居”，着重对有线和无线智能家居系统的功能、组成、发展趋势，强、弱电布线施工操作技术，通信与组网技术，控制技术，安全防范技术，家居智能化的典型应用做比较详细的叙述，以便于读者更加切实地理解智能家居的概念和演变，从中提炼有效的信息。

由于时间仓促，作者水平有限，本书难免存在疏漏之处，恳请广大读者批评指正，不吝赐教。

作　者

2019 年 1 月

目　录

第1章　家居智能化概论

近年来，智能家居、智慧小区和智慧生活已经成了人们口中的热门话题，它们不仅仅是媒体关注的焦点，还是传统家居行业、家电行业、房产商、互联网企业进军的领域。目前，随着越来越多的生产厂家介入，智能家居领域的产品和技术得到了越来越成熟的发展，智慧化的家庭生活已经成为现代家庭追求的新目标。

1.1　智能家居的概念及主要特征分析

1.1.1　智能家居的概念

随着智能控制系统的出现使得人们可以通过手机或者互联网在任何时候、任意地点对家中的任意电器(空调、热水器、电饭煲、灯光、音响、DVD影碟机)进行远程控制，也可以在下班途中预先将家中的空调打开、让热水器提前烧好热水、电饭煲煮好香喷喷的米饭……而这一切的实现都是因为智能家居。

简单地说，智能家居就是通过智能主机将家里的灯光、音响、电视、空调、电风扇、电水壶、电动门窗、安防监控设备甚至燃气管道等所有声、光、电设备连在一起，并根据用户的生活习惯和实际需求设置成相应的情景模式，无论任何时间在任何地方，都可以通过电话、手机、平板电脑或者个人电脑来操控或者了解家里的一切(见图1-1)。如有坏人进入家中，远在千里之外的手机也会收到家里发出的报警信息。

1.1.2　智能家居的主要特征

1. 操作随意性

智能家居的操作随意性主要表现在操作方式的多样化，可以用智能触摸屏，也可以用情景遥控器，还可以用手机或平板电脑进行操控；时间地点任意化，智能家居在任何时间、任何地点、任何情况下对室内外任何设备均可实现及时、全面的了解和控制；灯光效果个性化，室内的灯光可根据个人需求设置不同的情景。例如设定一个“灯光起夜”情景，在这个情景中，可以设定卧室壁灯、客厅地灯、卫生间小灯为“开”的状态。情景设好后，在半夜起床时只需按一个“灯光起夜”情景键，设定的灯就会同时打开。

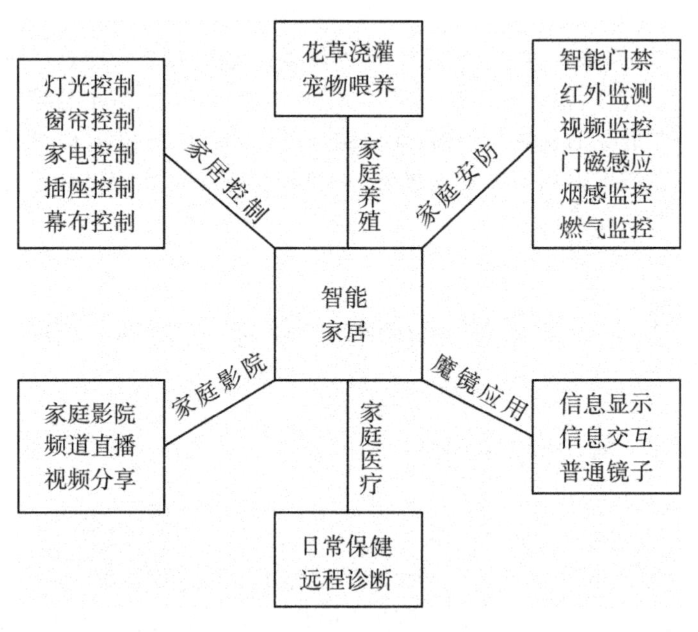

图 1-1　智能家居

2. 服务便利性

智能家居的服务便利性主要表现在智能家居能提供的服务项目与人们的日常生活息息相关，如灯光控制、家电控制、温度控制、安防系统、环境监控、家庭信息服务与家庭理财服务等。另外，用户终端设备始终保持与互联网、物联网、无线宽带网的随时相连，为在家办公提供了方便条件。

3. 功能扩展性

智能家居系统的功能扩展性表现在为了满足不同类型、不同档次、不同风格的用户的需求，智能家居系统的控制主机还可以在线升级，控制功能也可以不断完善，除了实现智能灯光控制、家电控制、安防报警、门窗控制和远程监控之外，还能拓展出其他的功能，例如，喂养宠物、看护老人小孩、花园浇灌等。

4. 安装简易性

智能家居的安装简易性主要表现在智能开关、智能插座与普通的电源开关、插座规格均按国际电工标准86式墙壁开关外形设计，单线（相线）智能开关不需要接零线，不需要重新布线，不需要对灯具改动任何接配件，可直接替代原有墙壁开关。在新房装修时，如采用双线（相线与零线）智能开关，则需多布设一根零线到开关。一个普通家装电工看着简单的说明书就能够迅速组装完成整套智能家居系统，而不需要专业人员的参与，这是智能家居产品的一个重要特征。

5. 系统可靠性

智能家居的系统可靠性主要表现在智能中心控制主机是基于互联网＋GSM移动网双网平台设计，这大大提高了系统的可靠性，即使在某些互联网网速低或不稳定的地方使用也不会影响系统的主要功能。智能家居系统采用射频（RF）、无线宽带（Wi-Fi）、传输控制协议/互联网协议（TCP/IP）等进行数据传输，通过无线方式来发送指令。灯光、窗帘、电器控制采用RF传输命令，进行集中监视和控制。

1.2 智能家居的系统构架及组成

智能家居主要由智能网关、各种传感器、探测器、遥控器、智能开关、智能插座及家庭网络等组成，如图1-2所示。

1.2.1 智能网关

智能网关是智能家居的组成部分之一，它是家庭网络和外界网络沟通的桥梁，是通向互联网的大门。在智能家居中由于使用了不同的通信协议、数据格式或语言，智能网关就是一个翻译器。智能网关对收到的信息要进行重新打包，以适应不同网络传输的需求。同时，智能网关还可以提供过滤和安全功能。

智能网关也称为信息处理中心，或称为控制主机。

智能网关除具有传统路由器的功能外，还具备无线转发、无线接收功能，就是能把外部所用的通信信号转化成无线信号，从而使得在家里任何一个角落都可以接收到。同时在家里操作遥控设备或者无线开关时，能够接收到信号，进而控制其他终端设备。

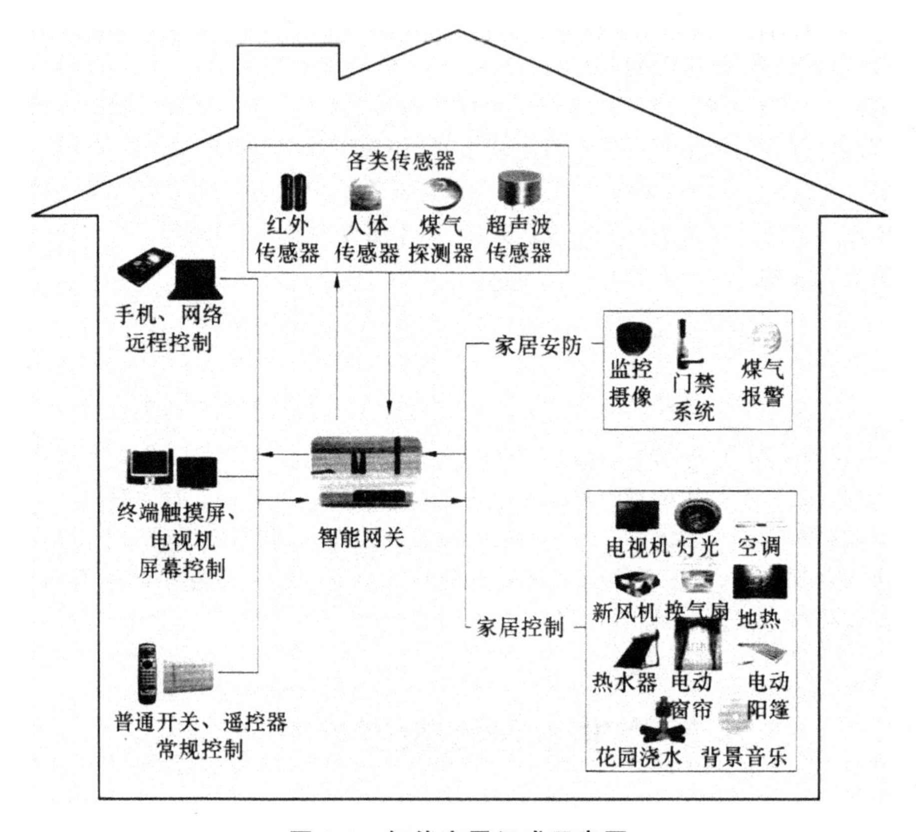

图 1-2　智能家居组成示意图

也可以说智能网关就是智能家居的“指挥部”，所有的输入设备通过室外互联网、GSM 网、室内无线网接入智能网关，所有的输出设备的操作都由它通过室内无线网发出指令，完成灯光控制、电器控制、场景设置、安防监控、物业管理等操作，或通过室外互联网、GSM 网向远端用户手机或电脑发出家里的安防信息。

1.2.2　传感器和探测器

传感器与探测器的作用就像一个人的眼睛（人体红外感应器）、鼻子（燃气报警器、烟雾报警器）、耳朵（门磁、震动感应），它能将看到、闻到、听到的信息转换为电信号送到智能网关（控制主机）。智能家居均安装了温度传感器、湿度传感器、主动式红外对射探测器、被动式红外对射探测器、微波探测器、有害气体探测器、烟感探测器等。

1.2.3　智能电源开关与插座

智能电源开关与插座的作用是实现智能灯光控制和智能电器控制。智能电源开关一方面同普通开关一样，用手触摸一下，就能控制灯具的开或关；另一方面可接收控制主机发出的指令进行智能灯光控制。智能电器控制也是接收控制主机发出的指令进行智能电器控制，在电器不工作时，还可关断电源插座的供电回路，这既安全又省电，而普通电源插座在不用时要拔掉电源插头。

1.2.4　无线遥控器

无线电遥控器的作用是脱离智能家居的控制主机对室内灯光、电器进行简单情景模式控制或对家用电器与灯光进行组合控制。它与普通的空调遥控器、电风扇遥控器的不同之处有两点，一是控制原理不同，普通的遥控器属红外线遥控，无线电遥控器是采用315MHz或433MHz的射频进行遥控；二是控制作用不同，普通的遥控器是一个按键控制一种功能，如开或关、增加或减少、上升或下降等，而智能家居中的无线电遥控器除按一个按键控制一个场景外，如前面介绍的“回家场景”，还可按一个按键，便可以同时开灯，打开窗帘，开启空调、电视机、电饭锅等。

1.2.5　家庭网络

家庭网络是在家庭范围内（可扩展至邻居、小区）将计算机、电话、家用电器、安防控制系统、照明控制和广域网相连接的一种新技术。家庭网络是一个多子网结构的、分别采用不同底层协议的混合网络，与局域网（LAN）和广域网（WAN）相比，在系统构成、网络协议及用户群体方面都具有自己的特点，为了未来的家庭网络实现必须提供完整的系统集成方案、高度的互操作性和灵活易用的网络接口。

当前在家庭网络中所采用的连接技术可以分为“有线”和“无线”两大类。有线方案主要包括双绞线或同轴电缆连接、电话线连接和电力线连接等；无线方案主要包括红外线连接、无线电连接、基于RF技术的连接和基于PC的无线连接等。

在当今信息化时代,家庭网络也必须是与互联网、物联网相连的,因此这样的家庭不仅是网络家庭,更是互联网家庭和物联网家庭。

智能家居中的控制主机就是通过"有线"或"无线"的家庭网络与外部的互联网、物联网、宽带无线网、有线电视网相连,同时与室内需要控制的设备也是通过"有线"或"无线"的家庭网络相连。

1.3 智能家居的发展背景

1984 年智能大厦开始投入使用,智能大厦第一次出现在人们的视野中,成为当时美国的典型建筑物。这一智能大厦的诞生拉开了全球智能建筑的序幕,为全球智能建筑发展奠定了坚实的基础。随着数字技术的改善和提升,截至 20 世纪 80 年代末,智能建筑已经得到了本质上的改革,开始由传统数字控制内容转变到集电子技术、住宅电子、家用电器、通信设备等为一体的系统化控制内容,智能化效率大幅提升,智能控制质量得到本质上的转变。如同时期美国智慧屋、欧洲的时髦屋等,都是 20 世纪 80 年代末典型的智能建筑。

进入 21 世纪,智能家居市场的发展势头依然强劲,甚至超出了最初预期。很多权威机构统计分析后都给出了 30%的市场增长率数据。现在家电行业、智能硬件企业和家居企业也动作频频,加快了跨界互补的进程,在深入智能家居概念的同时,进一步升级产业,以在智能家居普及大潮中占得先机。

1.3.1 家庭自动化

家庭自动化是指通过自动控制技术、计算机技术和通信技术等手段,有助于实现人们家务劳动和家务管理的自动化,大大减轻人们在家庭生活中的劳动强度,节省时间,提高物质、文化生活水平。家庭自动化已是人类社会进步的重要标志之一。随着现代科学技术的发展和人们生活要求的提高,家庭自动化的范围也在日益扩大,如家庭安全系统、家庭自动控制系统、家庭信息系统和家用机器人等。

家庭自动化是智能家居的一个重要系统,在智能家居刚出现时,家庭自动化甚至就等同于智能家居。但智能家居和家庭自动化并不能等同,两者之间存在一定的区别。家庭自动化更倾向于操作方式的简易化,主要是利用微处理电子技术,通过一个中央微处理机接收来自相关电子电器产品的信息后，再以既定的程序发送适当的信息给其他电子电器产品，从而实现对家用电器、安防设备等进行统一控制。而智能家居除了具备自动化功能外，更加强调智能化，注重感知、探测和反馈能力，能根据用户的年龄阶层、兴趣爱好、生活习惯以及住宅环境等基本信息，精准呈现有针对性的内容，还能通过简单方便的交互方式，迅速提供人性化服务。例如，在这个过程中不需要动手，智能家居和家庭自动化就能够打开门、窗、灯、家用电器等家居设备，但智能家居不仅具备自动打开这些家居设备的能力，还具有对周围温湿度、明暗度等环境信息进行判断的能力，从而根据所判断的结果有选择性地打开或关闭相关设备。

1.3.2　信息家用电器

信息家用电器是一种利用计算机技术、电信技术和电子技术与传统家用电器相结合的新型家用电器。它包括个人计算机、数字电视机顶盒、手持计算机(HPC)、DVD、超级VCD、无线数据通信设备、视频游戏设备和IP电话等，所有能够通过网络系统交互信息的家用电器产品，都可以被称为信息家用电器。目前，音频、视频和通信设备是信息家用电器的主要组成部分。另外，在目前的传统家用电器的基础上，将信息技术融入传统的家用电器当中，使其功能更加强大，使用更加简单、方便和实用，为家庭生活创造更高品质的生活环境，例如模拟电视发展成数字电视，VCD变成DVD，电冰箱、洗衣机和微波炉等也将会变成数字化、网络化和智能化的信息家用电器。

从广义的分类来看，信息家用电器产品实际上包含了网络家用电器产品，但如果从狭义的定义来界定，可以这样做一简单分类：信息家用电器更多地指带有嵌入式处理器的小型家用(个人用)信息设备，它的基本特征是与网络(主要指互联网)相连而有一些具体功能，可以是成套产品，也可以是一个辅助配件。而网络家用电器则指一个具有网络操作功能的家用电器类产品，这种家用电器可以理解为原来普通家用电器产品的升级。

1.3.3　网络家用电器

网络家用电器是将普通家用电器利用数字技术、网络技术及智能控制技术设计改进的新型家用电器产品。网络家用电器可以实现互联组成一个家庭内部网络，同时这个家庭网络又可以与外部互联网相连接。可见，网络家用电器技术包括两个层面：首先就是家用电器之间的互连问题，也就是使不同家用电器之间能够互相识别，协同工作。其次是解决家用电器网络与外部网络的通信,使家庭中的家用电器网络真正成为外部网络的延伸。

目前认为比较可行的网络家用电器包括网络电冰箱、网络空调、网络洗衣机、网络热水器、网络微波炉和网络炊具等。网络家用电器未来的方向也是充分融合到家庭网络中去。

1.3.4 智能家用电器

智能家用电器也是一种新型的家用电器,它将微处理器和计算机技术引入家用电器设备中,具有自动监测自身故障、自动测量、自动控制、自动调节与远方控制中心通信功能。

智能家用电器大致分为两类:一是采用电子、机械等方面的先进技术和设备;二是模拟家庭中熟练操作者的经验进行模糊推理和模糊控制。随着智能控制技术的发展,各种智能家用电器产品不断出现,例如,把计算机和数控技术相结合开发出的数控电冰箱、具有模糊逻辑思维功能的电饭煲、变频式空调和全自动洗衣机等。

同一类智能家用电器产品的智能化程度有很大差别,一般可分成单项智能和多项智能。单项智能家用电器只有一种模拟人类智能的功能。例如智能电饭煲中,检测饭量并进行对应控制是一种模拟人的智能的过程。在电饭煲中,检测饭量不可能用重量传感器,这是环境过热所不允许的。采用饭量多则吸热时间长这种人的思维过程就可以实现饭量的检测,并且根据饭量的不同采取不同的控制过程。这种电饭煲是一种具有单项智能的电饭煲,它采用模糊推理进行饭量的检测,同时用模糊控制推理进行整个过程的控制。而在多项智能的家用电器中,则有多种模拟人类智能的功能。例如多功能智能电饭煲就有多种模拟人类智能的功能。

智能家居与智能电器不同,智能家居就是用智能产品控制智能电器或者非智能电器,智能电器就是本身带智能调控功能。智能家居是远程或现场控制,智能电器只是本身按钮来控制。

1.3.5 智能家庭网络

智能家庭网络一般包含两层意义。一是指在家庭内部各种信息终端及各种家用电器能通过智能家庭网络自动发现、智能共享及协同服务。例如,使用一部智能手机就能遥控所有的家用电器设备,不用一遍遍地寻找电视机、机顶盒和空调的遥控器;甚至未来的智能厨房里灶具、电冰箱、抽油烟机和电烤箱等设备之间也能相互控制。二是指通过家庭网关将公共网络功能和应用延伸到家庭，通过网络连接各种信息终端，提供集成的语音、数据、多媒体、控制和管理等功能，实现信息在家庭内部终端与外部公网的充分流通和共享。换句话说，就是让家用电器设备通过网关统统连接到互联网或物联网上，从而可以用平板计算机或智能手机利用远程网络对各种家用电器进行控制、调节和监测，如对微波炉、洗衣机、空调、灯光、电动窗帘、温度和湿度控制器、风量调节器等的控制。

1.3.6 物联网

随着移动无线通信与信息科技的成熟与普及，“物联网”已经渐渐地发展成可以实现的科技应用，物联网是和移动无线通信的发展密切相关的技术，一旦各种不同的物品能够彼此交换信息，就会衍生出很多有趣的应用。

物联网就是通过智能感知、识别技术与普适计算、泛在网络的融合应用，将人与物、物与物连接起来的一种新的技术综合，被称为继计算机、互联网和移动通信技术之后世界信息产业最新的革命性发展，已成为当前世界新一轮经济和科技发展的战略制高点之一。作为一个新兴的信息技术领域，物联网已被美国、欧盟、日本、韩国等国家和地区所关注，我国也已将其列为新兴产业规划五大重要领域之一。物联网已经引起了政府、生产厂家、商家、科研机构甚至普通老百姓的共同关注。

物联网是由多个实体物品所形成的网络，这些物品内有电子装置、软件、传感器以及网络连接的能力，目的是让物品本身实现更高的价值与服务，达到这个目的的方式是与制造商、电信运营商或其他连接的设备交换数据。

很多专业机构的调查都认为在2020年或2025年之前会有很多物品连上物联网，数量可能以数百亿计。从近来科技市场的变化可以看出物联网的发展趋势，例如可穿戴设备已经上市、电视可以上网、和智能手机进行通信、移动支付慢慢普及、云服务越来越方便等。原本看起来似乎不相干的产品或技术，经过物联网的整合后，发展出更多应用。

由于物联网的对象要以互联网的IP地址来识别，而IPv4的地址数量不够用，势必要依靠IPv6的普及。这也告诉我们其实物联网的概念很久以前就存在了，只是要真正落实还需要各种技术的配合。这几年随着科技的进展已经有成熟的环境来支持物联网的建设。

1. 物联网的应用

物联网的物品所具备的计算特征是相当有限的，包括CPU的性能、内存空间以及电源等，都不像计算机那么强大，这样才要想办法在各种物品中广泛地部署用来连接物联网所需要的功能。物联网的产品可以按照应用的领域分成 5 类：智能可穿戴设备（Smart Wearable）、智能家居（Smart Home）、智慧城市（Smart City）、智能环境（Smart Environment）与智能企业（Smart Enterprise）。

（1）环境保护方面的应用。环境保护是目前受到大家重视的议题，关系着地球与人类的持续发展，物联网的物品所具备的传感功能可以监测水质、空气质量、土壤特性与大气变化等大自然的特征，然后通过连接提供数据，让人类了解大自然的变化，进而采取必要的行动，例如地震或海啸的预警、了解动物栖息地的改变、了解污染的状况等。

1）环境治理与物联网的融合。当今的环境治理无处不体现物联网技术，环境治理系统中大多使用了无线传感器技术、无线通信技术、数据处理技术、自动控制技术等物联网关键技术，通过水、路、空对水域环境实施全面的监测。基于物联网分层架构的水域环境监测系统如表 1-1 所示。

表 1-1　环境监测的软硬件构成与分层

物联网分层	主要技术	硬件平台	软件
应用层	云计算技术、数据库管理技术	PC 和各种嵌入式终端	操作系统、数据库系统、中间件平台、云计算平台
传输层	无线传感器网络技术、节点组网及 ZigBee 技术	ZigBee 网络，有线通信网络、无线通信基站等	无线自组网系统
感知层	传感器技术	各种传感器	—

2）水域环境的治理实施方案。建立一套完整的水环境信息系统、水环境综合管理系统平台是解决目前水环境状况的有效途径之一，通过积极试点并逐步推广，实现湖泊流域水环境综合管理信息化，并以此为载体，推动流域管理的理念与机制转变。

以我国太湖为例，湖区面积为 2338km^2，是中国近海区域最大的湖泊，因为湖泊流域人口稠密、经济发达、工业密集，污染比较严重，水质平均浓度均为劣 V 类，富营养化明显，磷、氮营养严重过剩，局部汞化物和化学需氧量超标，蓝藻暴发频繁。国内还有很多湖泊受到类似的污染，需要对其进行监控。

湖泊治理的总体思路是先分析水环境存在的问题，包括水动力条件差、水环境恶劣、水生态严重受损、富营养化程度高和蓝藻频发等。在此基础上的解决方案包括环境监测系统、数据传输系统、环境监测预警和专家决策系统，最终的目标是改善湖泊水质、提高水环境等级，为湖周经济建设与社会的协调发展、为高原重污染湖泊水环境和水生态综合治理提供技术支撑。

(2)媒体方面的应用。物联网与媒体结合可以让我们更精确而实时地找到客户群，并且获取宝贵的消费信息。以智能手机为例，一旦连上网络后，可以允许定位，运行的应用除了得到用户输入的数据外，还能了解用户所在的位置。这么一来，可将更适当的数据或服务提供给用户，比如说用户在找餐厅，可以提供附近的餐厅信息或促销打折的数据。一旦取得用户的数据，可以进一步地了解与分析用户的行为，大数据(Big Data)技术就是这方面的发展，物联网可以更方便地提供更多我们所需要的数据。平时常使用社交媒体的用户可能会发现，自己曾经浏览过的信息或类似性质的信息会不时地出现在计算机画面上，这是因为系统之前记录了我们的使用行为。

(3)智能医疗。通过物联网可以建立远程的健康监控系统，提供紧急状况的通知。对病人的血压、心律等生命迹象可实时监控，也可对病人所接受的医疗进行监控，传感的数据会发送到系统上，与正常的数据范围或病人之前的数据比较就能发现是否有异常的状况。目前也有不少人慢跑时在手臂上戴上智能手环，让智能手环定位并记录跑步的时间与路径，这也是一种健康管理的应用，我们可以试着想象如果跑步鞋有内置的设备，就比手环方便多了。

智能医疗是物联网技术与医院、医疗管理“融合”的产物。图1-3展示的就是令我们向往的智能化医疗保健生活，这样的生活应该就在不远的将来，当然实现这样的生活还要经过我们不断的努力。

如图1-4所示，为RFID(Radio Frequency Identification，射频识别)应用于医疗设备和药品的管理。

(4)建筑物与家庭的自动化。建筑物与居家环境中的机械、电子或电力系统可以通过物联网进行自动控制，灯光、空调、通信、门禁安全等也都能纳入自动控制的范围，目的在于让人类的生活更舒适，同时达到节能与安全的效果。大家可能在电视上看过智能建筑的广告，里面就有物联网的概念，其实这些自动化的控制是很久以前就有的概念，只是在物联网的概念里，这种控制可以延伸到很广的范围。

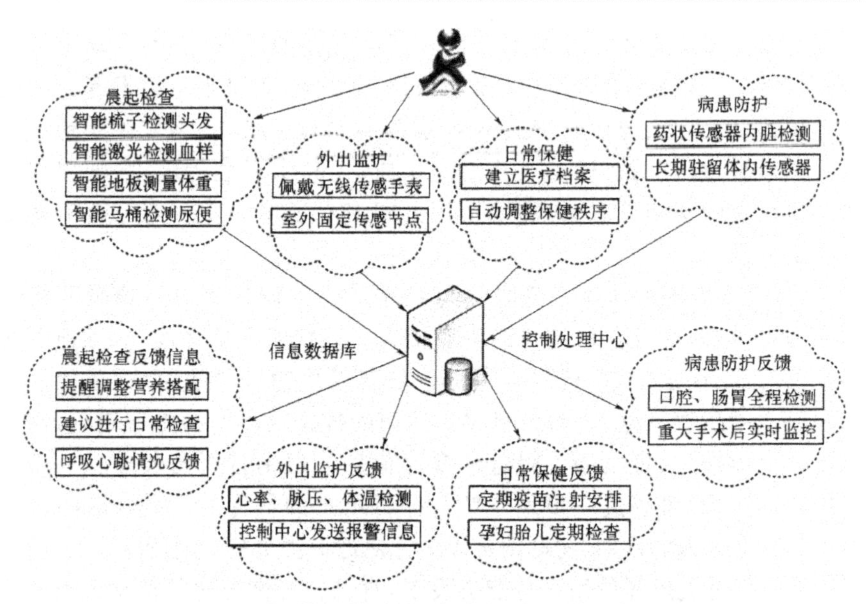

图 1-3　物联网技术创造的智能医疗保健生活

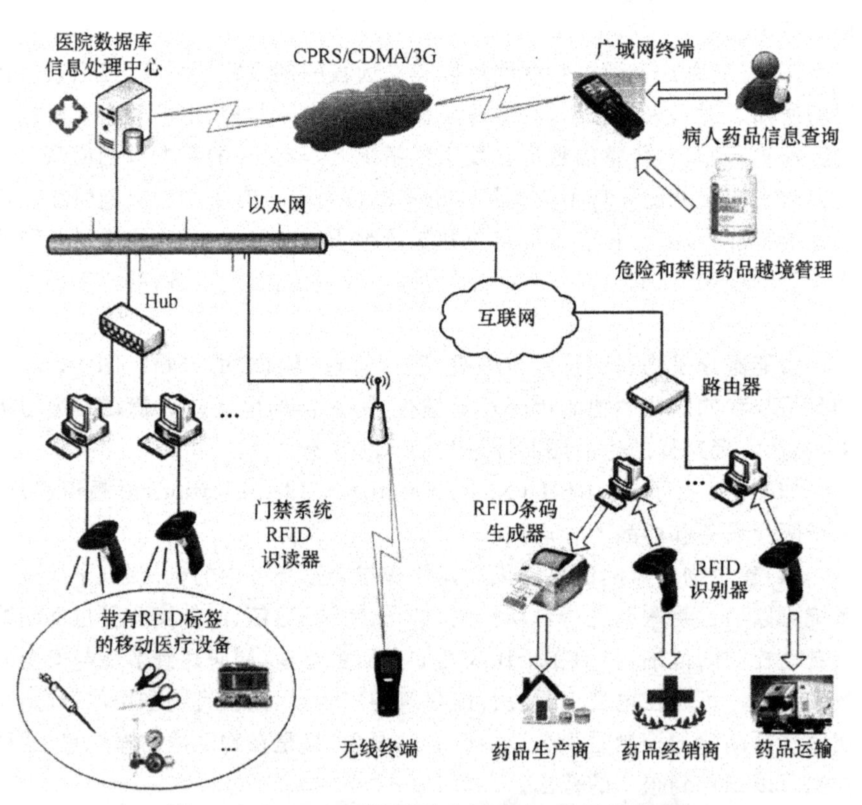

图 1-4　RFID 应用于医疗设备与药品的管理

在未来的居室中遍布着各式各样的传感器，这些传感器采集各种信息自动传输到以每户为单位的居室智能中央处理器，处理器对各种信息进行分析整合，并做出智能化判别和处理。

1)人员识别。在居室入口的门和地板上安装的传感器会采集进入居室的人员的身高、体重，行走时脚步的节奏、轻重等信息，并和系统中储存的主人信息和以往客人信息进行对比，识别出是主人还是客人或陌生人，同时发出相应的问候语。并在来访结束后按主人的设定记录并分类来访者的信息，例如，可以把此次来访者设定为好友或不受欢迎的人，这样可以使系统在下次来访时做出判断。

2)智慧家电。未来的家电像一个个小管家，聪明得知道怎样来合理地安排各种家务工作。根据居室门口传感器的信息感知，当家中无人时，空调会自动关闭；还会根据预先的设定或手机的遥控在主人下班回家之前自动打开，并根据当天的室外气温自动调节到合适的温度，太潮会自动抽湿，使主人回到家就可以感受到怡人的室温。智能物联网电冰箱，不仅可以存放物品，还可以传输到主人的手机，告诉主人，电冰箱中存放食品的种类、数量、已存放时间，提醒主人哪些常用的食品缺货了，甚至根据电冰箱中储存食品的种类和数量来设计出菜单，提供给主人选择。电视机已经没有固定的屏幕了，你坐在沙发前，它会把影像投射到墙上；你躺在床上，它把影像投射到天花板上；你睡着了，它会自动把声音逐渐调小，最后关机，让你在安静的环境中进入香甜的梦乡。

家用电器主要包括空调、热水器、电视机、微波炉、电饭煲、饮水机、计算机、电动窗帘等。家电的智能控制由智能电器控制面板实现，智能电器控制面板与房间内相应的电气设备对接后即可实现相应的控制功能。如对电器的自动控制和远程控制等，轻按一键就可以使多种联网设备进入预设的场景状态。

3)家庭信息服务。用户不仅可以通过手机监看家里的视频图像，确保家中安全，也可以用手机与家里的亲戚朋友进行视频通话，有效地拓宽了与外界的沟通渠道。

通过智能家居系统足不出户可以进行水、电、气的三表抄送。抄表员不必再登门拜访，传感器会直接把水、电、气的消耗数据传送给智能家居系统，得到用户的确认后就可以直接从账户中划拨费用。大大节约人力物力，更方便了居民。

4)可视对讲。住户与访客、访客与物业中心、住户与物业中心均可进行可视或语音对话，从而保证对外来人员进入的控制。

5)智能家具。利用物联网技术，从手机里随时都能看到家里情况的实时视频，可以随时随地遥控掌握家中的一切。安装了传感装置的家具都变得“聪明懂事”了。窗帘可以感知光线强弱而自动开合。灯也知道节能了，每个房间的灯都会自动感应，人来灯亮人走灯灭，并根据人的活动情况自动调节光线，适应主人不同的需要。传感器上传的信息到达智能家居系统中，系统对各种信息进行整合后会自动发出指令来调节家中的各种设施和家具。家中开关只需一个遥控板就可全部控制，再也不用冬天冒寒下床关灯。智能花盆会告诉你，现在花缺不缺水，什么时间需要浇水，什么时间需要摆到阴凉的地方。回家前先发条短信，浴缸里就能自动放好洗澡水。当天气风和日丽时，家里的窗户会自动定时开启，通风换气使室内空气保持新鲜；当遇到大风来临或大雪将至，窗门上的感应装置还会自动关闭窗户，令您出门无忧无虑。

6)智慧监控。智能家居系统还能够使家庭生活的许多方面亲情化、智能化，与学校的监控系统结合，当你想念自己孩子的时候，可以马上通过这一系统看到你的孩子在幼儿园或学校玩耍或学习的情况。和小区监控系统结合，不必妈妈的陪伴，孩子可以在小区中任意玩耍，在家里做家务的妈妈可以随时看到孩子的情况。佩戴在老人和孩子身上的特殊腕带还可以发出信息，让家人随时清楚他们的位置，防止走失。

通过物联网视频监控系统可以实时监控家中的情况。此外，利用实时录像功能可以对住宅起到保护作用。

7)智能安防报警。数字家庭智能安全防范系统由各种智能探测器和智能网关组成，构建了家庭的主动防御系统。智能红外探测器探测出人体的红外热量变化从而发出报警信息；智能烟雾探测器探测出烟雾浓度超标后发出报警信息；智能门禁探测器根据门的开关状态进行报警；智能燃气探测器探测出燃气浓度超标后发出报警信息。安防系统和整个家庭网络紧密结合，可以通过安防系统触发家庭网络中的设备动作或状态；可利用手机、电话、遥控器、计算机软件等方式接收报警信息，并能实现布防和撤防的设置。

8)智能防灾。家里无人时如果发生漏水、漏气，传感器会在第一时间感应到，并把信息上传到智能家居系统，智能家居系统马上通过手机短信把情况报告给户主，同时也把信息报告给物业，以便及时采取相应措施。如果有火灾发生，传感器同样会第一时间检测到烟雾信号，智能家居系统会发出指令将门窗打开，同时发出警声并将警情传给报警中心或传给主人手机。

(5)智慧城市。物联网可以造就智慧城市，虽然听起来有点遥不可及，但是在目前的生活环境中已经看到很多实际的例子。比如现在等地铁的时候可以看到地铁的到站信息，表示地铁就是一种物联网中的实体，系统和地铁的连接让系统掌握了地铁当前的位置，同时由地铁的速度来预估到站的时间。对于乘客来说，能大致知道还要等待多久。有智能手机的人还可以通过 APP 查询飞机到达的时间，等时间差不多的时候再出门去机场。

2. 家居物联网的结构

家居物联网可以分为感知层、网络层和应用层，如图 1-5 所示。

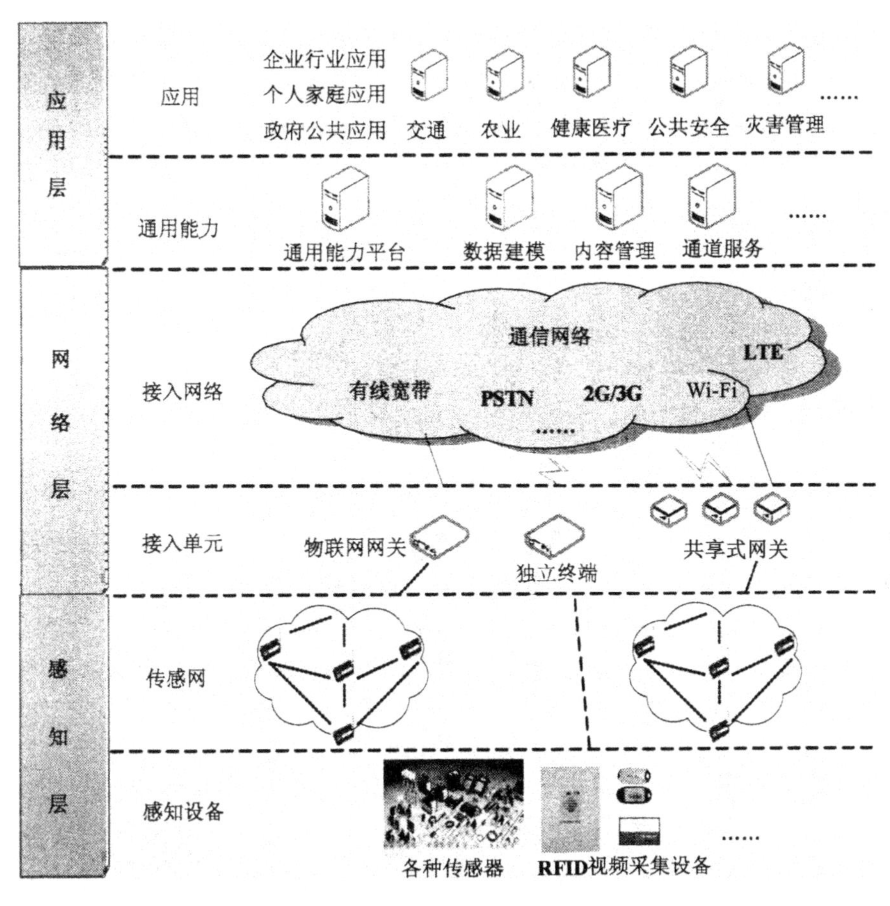

图 1-5　物联网的体系结构

(1)感知层。全面感知是物联网技术的一个特征，即利用射频识别(RFID)、二维码、GPS、摄像头、传感器等感知、捕获和测量技术手段，随时随地地对感知对象进行信息采集和获取。在智能家居中，感知对象分为人们所生活的家庭环境和人本身，传统智能家居中的八大子系统可作为感知层的执行设备。

(2)网络层。物联网中的网络层包括各种通信网络与互联网形成的融合网络。除此之外，还包括家居物联网管理中心、信息中心、云计算平台及专家系统等对海量信息进行智能处理的部分。在智能家居中，网络层不但要具备网络运营的能力，还要提升信息运营的能力，如对数据库的应用等。在网络层中，尤其要处理好可靠传送和智能处理这两个问题。

(3)应用层。应用层是将物联网技术和智能家居专业技术相结合来实现家居智能化应用的解决方案集。物联网通过应用层最终实现信息技术和传统家居的深度融合，这主要体现在智能电网应用、家庭医疗应用、多媒体娱乐应用、家庭安防应用和家庭控制应用等方面。除此之外，应用层还为家庭服务商提供有第三方接口，以便服务于人们的生活。

目前，严格地说，物联网在智能家居中的应用主要集中在感知层，只能说应用了物联网当中的某项技术，离真正意义上、无处不在的物联网智能家居还有一段距离，尤其是在应用层的融合方面，还需要多行业深度合作，才能提供一个全方位的智能家居。

1.3.7 云计算

1. 云计算概述

云是网络、互联网的一种比喻说法，云计算(Cloud Computing)是一种基于互联网的计算方式，它的运算能力是每秒 10 万亿次。通过云计算可以按需将共享的软硬件资源和信息提供给计算机和其他设备，如用户可通过台式计算机、笔记本、平板电脑、智能手机或其他智能终端接入数据中心，按自己的需求进行运算。

典型的云计算提供商往往提供通用的网络业务应用，可以通过浏览器等软件或者其他 Web 服务来访问，而软件和数据都存储在服务器上。云计算服务通常提供通用的通过浏览器访问的在线商业应用，软件和数据可存储在数据中心。如图 1-6 所示为数据中心示意图。云数据中心总体架构如图 1-7 所示。云数据中心网络架构对应虚拟化云的基本架构，这是一个标准的虚拟化云，由硬件资源池提供计算与存储资源，前端的虚拟机向用户交付应用服务，如图 1-8 所示。云数据中心的演进分 IaaS、PaaS、SaaS 三个阶段，如图 1-9 所示。

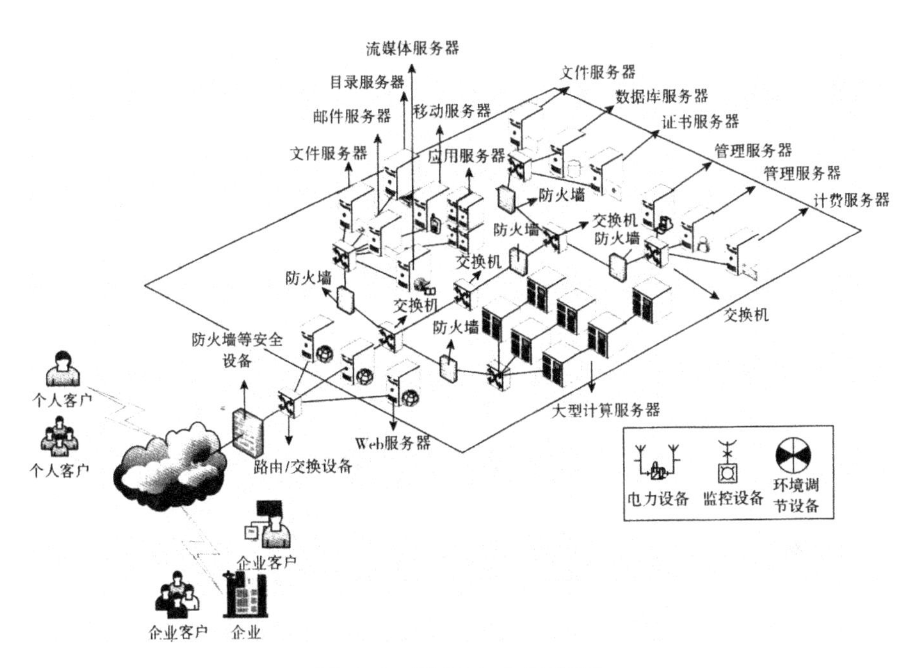

图 1-6　数据中心示意图

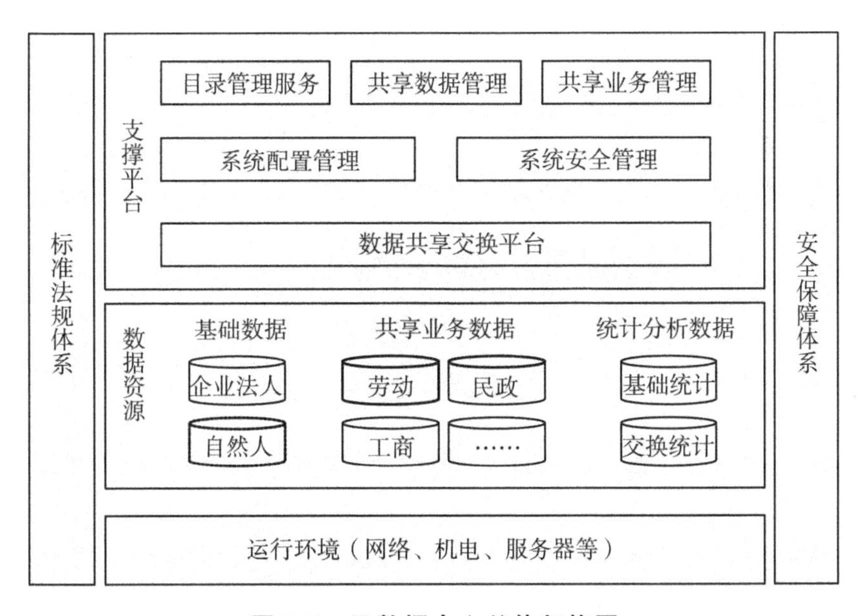

图 1-7　云数据中心总体架构图

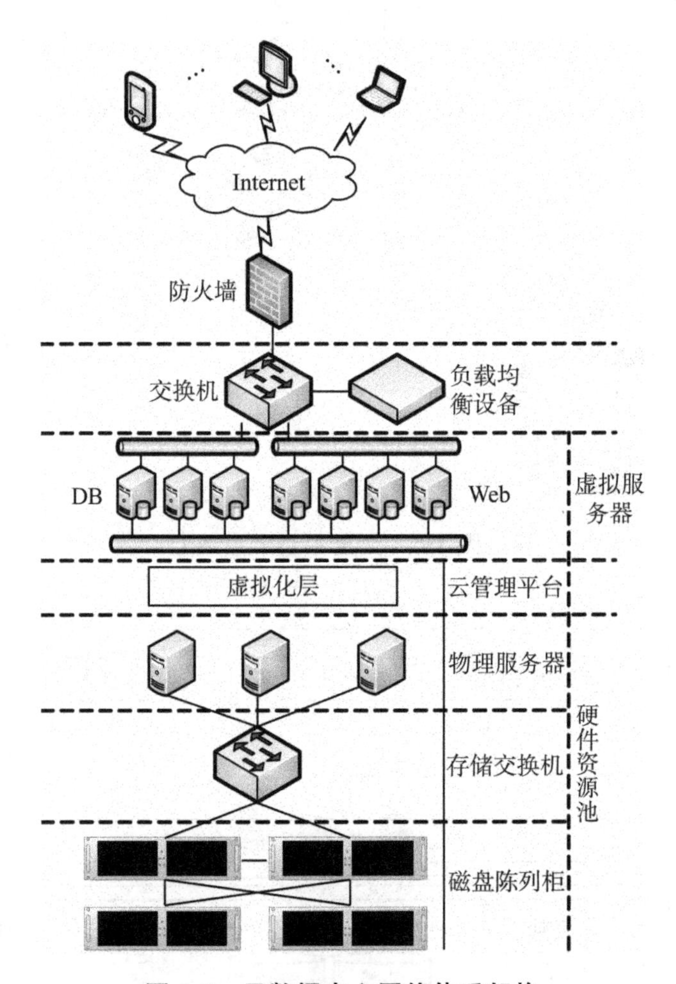

图 1-8　云数据中心网络体系架构

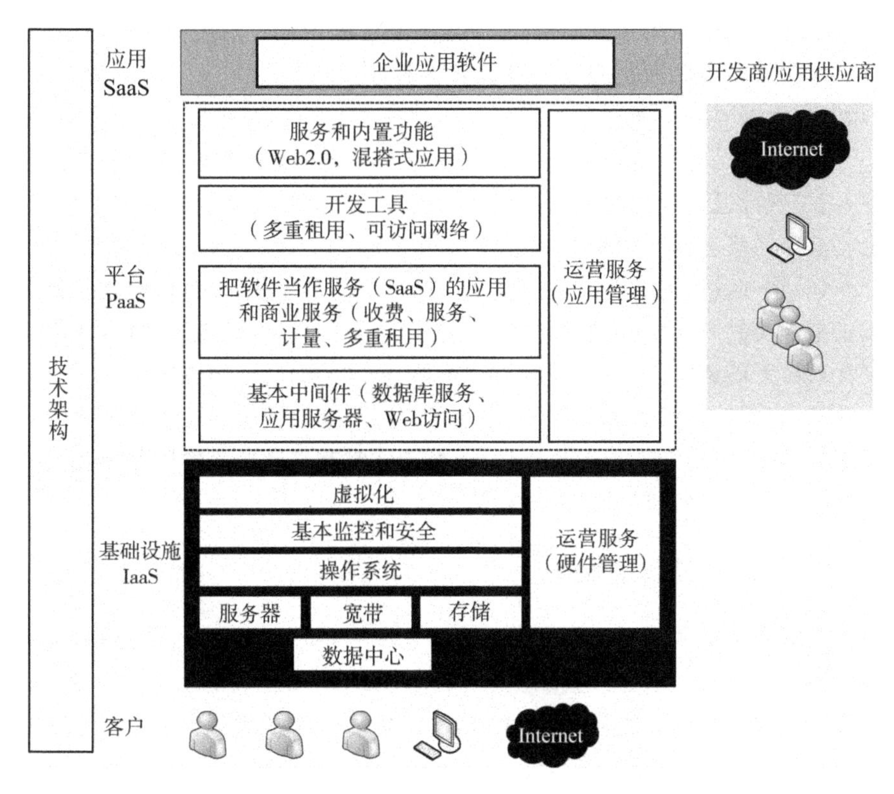

图 1-9 云数据中心技术架构图

2. 未来的云生活

(1)触控技术与实时通信。现在大家常使用具有触控面板的智能手机或平板电脑,未来我们的生活环境中会有越来越多设施配备触控界面,让用户容易操作与输入。假如结合实时通信,我们就可以让两个位于不同地点的人在有触控功能的不同屏幕上画图、写字来沟通与互动。

(2)身份验证技术与云存储。数据对于现代人来说太重要了,假如不能获取数据就无法开始工作,云的存储功能可以让我们随时随地获取需要的数据,但是为了安全起见,必须确认是真实的自己在获取数据来使用,这可以通过身份验证技术来实现。

(3)移动设备的普及。在很多场景中有移动设备的使用,例如,在出差路途中查找酒店等。移动设备也有定位的功能,可以结合移动定位的功能,或者在用户到达地点时自动启动一些功能,例如,在我们进入办公室时自动开灯、启动计算机。

(4)无纸化空间。这是很久以前大家就一直在探讨的技术,先是在办公室的工作中希望少用纸张,只有各种纸质感的电子纸(屏幕)被用于浏览,而供阅读的大量内容就是通过知识云来实现的。

(5)无国界的协同合作。开会不再像从前那样需要把每个人召集到同一个地方,而是随时可以通过手上的移动设备来互动,数据的共享也更方便,用户直接通过智能手机的照相功能把自己看到的屏幕信息获取下来,马上将其与网络上的其他相关信息整合在一起。

(6)结合各种科技营造智慧生活。有工厂的自动化管理,可以让操作员以虚拟现实的方式工作,后面隐含的传感技术可以获取环境的数据,用来控制计算机系统调整各种设施的设置,例如,环境的温度与湿度等。

(7)方便的生活设施。例如,小超市的店员直接使用平板电脑清点与更新库存、通过智能芯片卡进行移动支付、购物时有移动导览的服务帮我们找东西、远程视频会议启动自动口译的功能等。

3. 云计算与智能家居

智能家居其实就是一个家用的小型物联网,需要通过各类传感器,采集相关的信息,并通过对这些信息的分析、反馈,实现相关的功能。因此,智能家居的稳定性、可靠性,在很大程度上建立在良好的硬件基础上,没有容量足够大的存储设备,将会造成信息难以存储,甚至大量的数据会因此遗失,自然更难对其进行针对性的查询分析以及计算。如远程视频监控与远程对话,都需要极大的容量,若是关键数据丢失,就很有可能造成很大的损失。而云是一种低成本的虚拟计算资源,云计算将这些资源集中起来,自动管理,用户可以随时随地申请部分资源,支持各种应用程序的运转,省去了大量的维护工作,自然就可以降低成本,提高工作效率,获取更好的服务。

因此,为了满足智能家居的种种需求,云计算成为智能家居最好的伙伴,通过云计算,建设一个云家,即可更加精准快速地实现对家居设备的控制,而且在用户获得更好的云服务的同时,成本也更加低廉。如联想集团推出的看家宝高清网络摄像机,是一款基于云的视频服务产品。它融合了云计算和无线视频技术,将所有的实时视频录制保存在联想安全的服务器上,用户可随时查阅过去所发生的一切,即使有人拔掉摄像头,也可以看到保存的视频资料。并采用网上银行使用的安全加密来保护视频信息,这样所保存的视频信息是安全的、私有的,其他任何人都不可能看到。

1.4　智能家居的影响与变革

物联网是什么？物联网即“万物皆可相连”，它突破了互联网只能通过计算机交流的局限，也超越了互联网只负责联通人与人之间的功能，建立了“人与物”之间的智能系统。

1.4.1　物联网对传统家居的影响

在智能家居中，物联网的目标是通过射频标签、红外感应、探测系统、智能插座和开关、无线遥控器等设备，按约定的协议，通过网络把家居中的灯光控制设备、音频设备、智能家电设备、安防报警设备、视频监控设备等任何设备与互联网连接起来，进行信息交换和通信，从而实现智能化识别、监控和管理。

物联网技术对传统家居的影响是给其带来了全新的产业机会。传统家居行业发展了很多年，但由于其技术落后、创新乏力、观点陈旧等特点，造成了中国传统家居行业的发展一直停滞不前。物联网的出现，为这些企业带来了生机，一些优秀的传统企业纷纷涉足物联网智能家居行业。

物联网的应用领域已经十分广泛，例如现代商品上的条形码、车用的GPS卫星定位系统；又如，现在查询邮递快件转到了何地，只要通过射频技术，以及在传递物体上植入芯片等技术手段，即可取得物品的具体信息。

对于传统家居行业来说，物联网的价值不仅仅在于“物”，更应该是“传感器互联网”，即作为物联网的根的传感器向作为主干的互联网收集和提供各种数据信息，这些数据信息能够为传统家居领域的领导者提供从前商业上无法可见的深入洞察信息，以及在组织中提升人的重要作用，并提供在“工业互联网”时代制造业所能够利用的发展优势。

1.4.2　传统家居与智能家居的区别

物联网智能家居的目标是发展绿色全无线技术，包括感知、通信等，不仅功耗低，而且连接稳定可靠、通信安全、能自我修复、操作简单、扩展能力强。而传统家居采用的都是有线的方式，不仅需要专业人员施工、专门公司维护，而且施工周期长、施工费用高，项目建成后，系统的维护维修较难、扩展能力低，也无法更新升级，让消费者苦不堪言。

智能家居用户能够利用智能手机或平板电脑等移动终端，来远程控制家中的各类设备，实现联动控制、场景控制、定时控制等功能。例如，一个遥控器就能控制家中所有的电器，可以让家里自动煮饭，自动打开空调、热水器，每天晚上，所有的窗帘都会定时自动关闭。

而传统家居依然是一对一的分散式的机械开关方式，智能家居和家庭自动化为人们的生活带来了更多的便利，为人们营造了舒适、高效、安全的家居环境，使家庭生活上升到系统管理的高度。

不仅如此，随着物联网、云计算、无线通信等技术的发展和应用，智能家居将会更加注重感知、探测和反馈能力，不仅能根据用户的年龄阶层、兴趣爱好、生活习惯以及住宅环境等基本信息，有针对性地呈现各类智能化功能，还能通过人机交互方式，提供更多的人性化服务。

1.4.3 传统家电变革的优势

在智能家居大爆发的时代，很多企业想在智能家居领域分一杯羹，这些企业包括大型互联网企业、传统家电企业、安防楼宇对讲企业、物联网创业企业等。在众多向智能家居领域转型变革的企业中，传统家电企业占据着一定的优势。

(1)产品优势。传统家电企业在产品上的优势主要体现在企业拥有产品本身的设计、技术、生产、制造和营销渠道，其产品不论是从外观设计、零件制造方面还是从零件组装技术方面都具有过硬的质量保证；同时，传统家电企业还具备完整的产品策略和完整的产业链，可以将智能家电策略实施到一些小家电产品上，并且借助计算机、物联网、大数据技术对单个的产品进行集成组合，实现产品之间的联动效果。无论是产品外观设计、零件制造组装，还是产品策略和产品产业链，都是非家电企业、互联网企业等外侵企业所不能企及的。

(2)渠道优势。与互联网企业主要通过线上渠道进行销售不同的是，传统家电企业主要以线下销售为主，传统家电的线下销售渠道让其拥有了更多、更广的用户体验群体，同时，未来，在发展智能家电的战略合作上，可以充分发挥其线下为消费者提供咨询、送货、安装、质检、维修、调试的优势，把售后服务做到极致，与互联网企业实现O2O的线上线下互动销售及宣传。

(3)升级优势。“互联网＋”战略思想已经深入传统行业中，传统家电业也自然具备了互联网精神，有些企业也渐渐具备了发展互联网经营的能力，但是，传统的制造业的基础和能力，不是每一个互联网企业、电商企业都拥有的，所以这也算传统家电在转型升级互联网道路上的一大优势。传统家电的产品技术和产业基础都相对完善，同时，传统家电都在积极地与互联网公司进行战略合作，将线下的内容、服务、技术以及产品的开发能力与线上的营销进行结合。

(4)协同优势。传统家电有良好的产业圈，产业圈中最大的利器是产品，有了产品，才能吸引用户群。传统家电可以凭借这个优势打通横向的产业链，将传统家电产品向互联网方向延伸，以核心技术为基础，最大限度地整合企业内外的资源，与互联网企业协同发展，共同打造智能化时代。同时，还可以向智能小区、智能建筑、智能城市等方向延伸产业链，以本身具备的产业圈基础、产品技术，协同其他的智能战略路线，打造出独一无二的智能家居产业生态圈。

(5)数据优势。无论是传统企业还是互联网企业，最重要的还是消费群体。这里的数据优势指的是传统家电在构建品牌优势的同时，还积累了大量用户的基本信息以及用户的生活数据。将这些数据建成数据库，形成一个整体的数据分析系统，一方面能够根据用户的基本信息制造满足大众需求的个性化产品；另一方面，当传统家电企业想要进行转型升级的时候，这些基本信息和生活数据能够帮助其进行产业链延伸，并挖掘出新的营销模式，来更好地满足大众需求。

1.5 智能家居的发展新趋势

智能家居的核心是让家电感知环境变化和用户需求，从而进行自动控制，以提高用户的生活品质。“人还没到家，牛奶机已经开始煮牛奶；电饭煲中洗净的米饭进入蒸煮状态；客厅的立式空调自动打开并调到合适的温度；水龙头的水正以合适的温度缓缓注入浴缸；卧室的窗帘已经拉上……”，这是早些年用户描绘的智能家居图景。当今智能家居能做的远远不止这些，并随着物联网、人工智能等技术的崛起进一步迸发活力。

现在看到的智能家居，如用手机远程控制或定时开启家里的电气设备，让空调自动打开、热水器自动加热、白炽灯自动亮起等不过是几种智能单品的呈现，还属于智能家居概念的雏形。真正了解智能家居的用户并不多，很多用户会把智能家居理解为智能家具，现在的智能家居还只能说是智能硬件与家居产品的一种物理结合。

目前市场上还没有真正的物联控制，多数为智能控制。真正的物联控制主要应根据用户的行为习惯等进行物与物之间的控制，如包括温度、湿度、亮度及移动侦测四合一的传感器。真正的智能体验是不需要手动、遥控进行控制的。当前市场上的智能产品仍然处于最低级阶段，只是简单地控制，在控制过程中没有涉及数据互动。相对于伪智能，真正的智能主要是将用户的生活习惯和云服务数据收集起来，再通过产品实现自我联动、服务，想要真正实现用户脑海中所构想的“家”，还需要迈进两大步。

第一步，打通各平台和产品间的互联互通。未来不是一个平台直接服务所有用户的天下，而是一个大平台跟几个公司、产品相互深度嵌套，再服务天下所有的用户。智能家居能够互联互通是非常关键的，而目前国内还没有一个统一的接口标准，这给用户的使用带来不便，对此政府和行业协会、企业应该共同参与制定智能家电、智能家居的标准。

第二步，实现人工智能“机随人想”。真正的智能家居应该是未卜先知，感知用户的需求，所想即所得。对于一套智能家居控制系统来说，产品与产品之间的联动非常重要。用户希望，只要发出一个指令，就可以让多个智能家居产品联动提供服务。

当然“机随人想”的实现需要借助物联网、终端、大数据、云计算的进一步发展与支持，实现数据的云端存储和分析，从而不断迭代，为用户提供精准的智能服务。所以，如何在已有的技术基础上将更多的传感器技术、云计算、大数据等技术融入智能家居行业中需要企业的高度重视。

未来的智能家居将具备人类的情感，尽管赋予机器人情感一直是最富有争议的事情，而有一位有情感的机器人就会帮用户搞定诸如园艺、家务、友谊等各种日常生活情景。也就是说，未来的智能机器人将可以满足人类的绝大部分需求。

从智慧家居要求出发，从人性需求角度着手，未来的智能家居必须具备互联、智能、感知和分享等功能。具体来说，未来的智能家居要具备人类的智能，能感知和读懂人心，能根据用户的年龄、性别、学历、兴趣、工作、地域等基本信息自动分析用户习惯，形成思维方式，进行自主服务。这种思维方式是通过主动捕捉用户的需求实现的。举例来说，就是主人一进门，想到开灯灯就亮，想到开门门就开，室温自动调到主人喜欢的温度……所有这些调整都不需要用户设定和通过终端操作，而是在主人的一“念”之间生成。

如今，智能手机已具备人工智能的雏形，相信在不远的将来，人工智能将走向成熟，智能家居将会被人工智能控制，家用人工智能管家或以家用电脑、平板电脑为载体，或者干脆就是一个智能机器人。它们将成为家居的一分子，可以为主人看家护院、烹饪打扫、晾晒收纳衣物、照顾宠物，将主人从烦琐的家务劳动中解脱出来。

因为人工智能管家已具备严密的逻辑思维和简单的情绪特征，可以和主人聊天、做游戏、照顾孩子，甚至能成为主人生活或工作上的助手。一个设想称，未来的智能家居管家应该能感受主人的情绪变化，主人心情舒畅，人工智能家居管家便与主人共欢乐；若主人心情不好，智能家居管家便调灯光、放音乐，甚至要宝卖萌逗主人开心。目前，智能家居的发展已经走过两个阶段：

(1)联网控制，如名目繁多的智能水壶、智能插座等。

(2)家电联网，终端接入传感器，监控室内环境，通过APP操控其他设备联动。

第2章　智能家居强电布线施工操作技术

近两年来，智能家居犹如“一夜成名”般，迎来一个火爆的智能家居潮流。因此，每天需要施工的智能家居综合布线项目只会多不会少，那么在我们进行智能家居强电布线设计环节时，有什么需要注意的呢？

2.1　智能家居强电识图

2.1.1　识读配电系统图

某住宅的配电系统图如图2-1所示。配电系统的三相四线制电源采用架空引入，三根35mm^{2}加一根25mm^{2}的橡皮绝缘铜线(BX)引入后，穿直径为50mm的水煤气管(SC)引入第一单元的总配电箱。

第二单元总配电箱的电源是从第一单元总配电箱采用导线穿管埋地板引入的，导线为三根35mm^{2}加两根25mm^{2}的塑料绝缘铜线(BV)，35mm^{2}的导线为相线，两根25mm^{2}的导线：一根为工作零线；另一根为保护零线。穿管均为直径50mm的水煤气管。其他三个单元总配电箱电源的引入与上述相同。这里需要说明一点，经重复接地后的工作零线引入第一单元总配电箱后，必须在该箱内设置两组接线板：一组为工作零线接线板，各个单元回路的工作零线必须由此接出；另一组为保护零线接线板，各个单元回路的保护零线必须由此接出。两组接线板的接线不得接错，不得混接。最后将这两组接线板的第一个端子用25mm^{2}的铜线可靠连接起来，形成TN-C-S保护方式。

(1)照明配电箱。照明配电箱分为两种，首层采用XRB03-G1(A)型改制，其他层采用XRB03-G2(B)型改制，主要区别是前者有单元的总计量电度表，并增加了地下室照明和楼梯间照明回路。

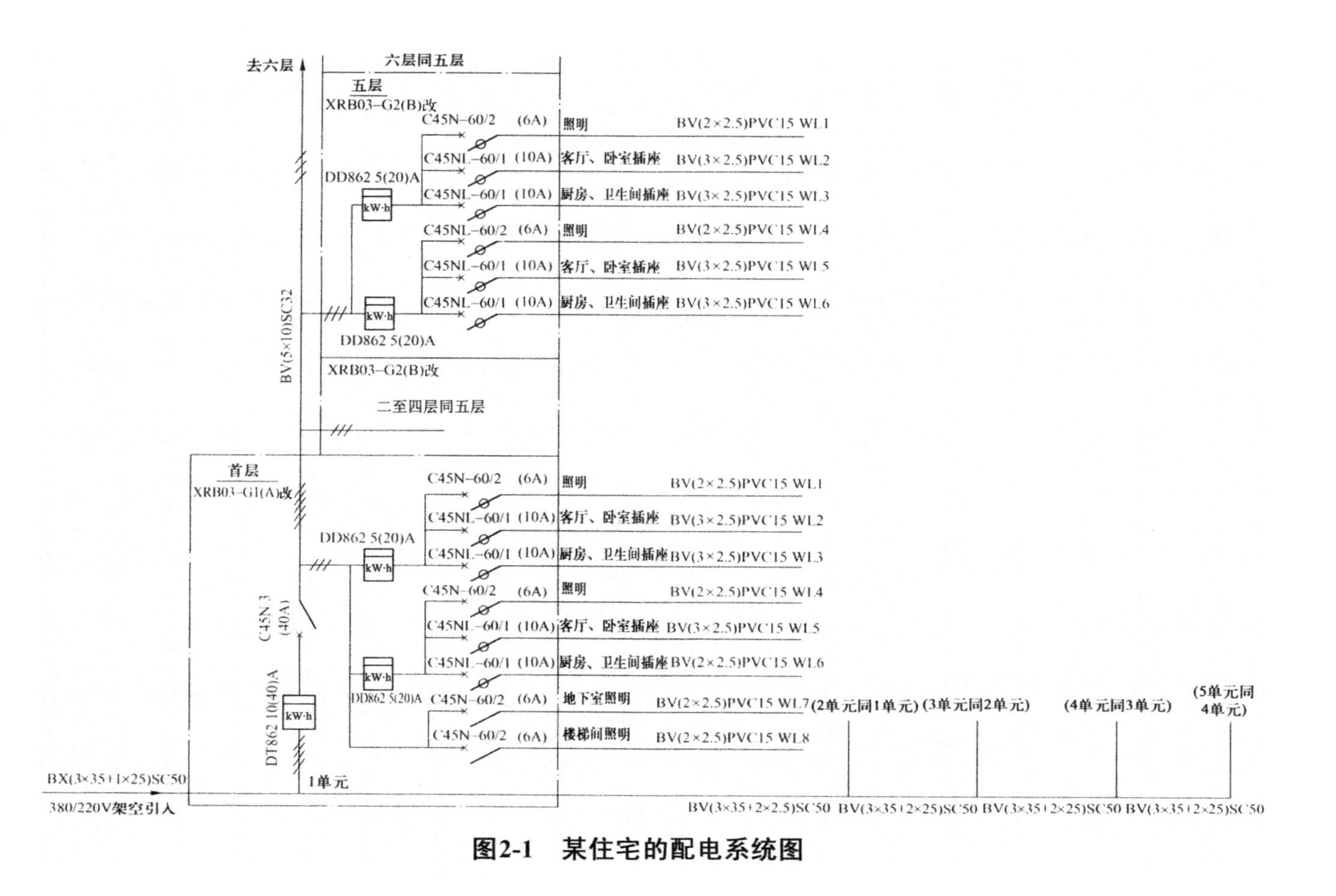

图2-1　某住宅的配电系统图

XRB03-G1(A)型配电箱配备三相四线总电能表一块,型号为DT862-10(40)A,额定电流为10A,最大电流为40A;配备总控三极空气开关一台,型号为C45N-3(40A),整定电流为40A。该箱有三个回路,其中两个配备电能表的回路分别是供首层两个住户使用的,另一个没有配备电能表的回路是供该单元各层楼梯间及地下室公用照明使用的。其中供住户使用的回路配备单相电能表一块,型号为DD862-5(20)A,额定电流为5A,最大电流为20A,不设总开关。

每个回路又分三个支路。

1)WL1:照明。

2)WL2:客厅、卧室插座。

3)WL3:厨房、卫生间插座。

支路标号为WL1、WL2、WL3、WL4、WL5、WL6。照明支路设双极空气开关作为控制和保护,型号为C45N-60/2,整定电流为6A;另外两个插座支路均设单极空气漏电开关作为控制和保护,型号为C45NL-60/1,整定电流为10A。

公用照明回路分两个支路,分别供地下室和楼梯间照明,支路标号为WL7和WL8。每个支路均设双极空气开关作为控制和保护,型号为CN45-60/2,整定电流为6A。

从配电箱引自各个支路的导线均采用塑料绝缘铜线穿阻燃塑料管(PVC),管径为15mm。其中,照明支路均为两根2.5mm^2的导线,即一零一火,插座支路均为三根5mm^2的导线,即相线、工作零线、保护零线各一根。XRB03-G2(B)型配电箱不设总电能表,只分两个回路,供每层两个住户使用,每个回路又分三个支路,其他内容与XRB03-G1(A)型相同。

(2)相序分配。该住宅为6层,在相序分配上,A相1~2层,B相3~4层,C相5~6层,1~6层竖直管路内导线分配如下。

1)进户四根线:三根相线、一根工作零线。

2)1~2层管内五根线:三根相线(1~2层使用A相)、一根工作零线、一根保护零线。

3)2~3层管内四根线:二根相线(B、C)、一根工作零线、一根保护零线。

4)3~4层管内四根线:二根相线(B、C)、一根工作零线、一根保护零线。

5)4~5层管内三根线:一根相线(C)、一根工作零线、一根保护零线。

6)5~6层管内三根线:一根相线(C)、一根工作零线、一根保护零线。

这里需要说明一点,如果支路采用金属保护管,则管内的保护零线可以省掉,而利用金属管路作为保护零线。

2.1.2　识读照明平面图

1. 灯具的接线方法

在一个建筑物内，若有许多灯具和插座，则插座、灯具的接线方法一般有两种。

(1)直接接线法。开关、灯具、插座直接从电源干线上引接，导线中间允许有接头。直接接线法适用于瓷夹配线、瓷柱配线等。直接接线法如图 2-2 所示。

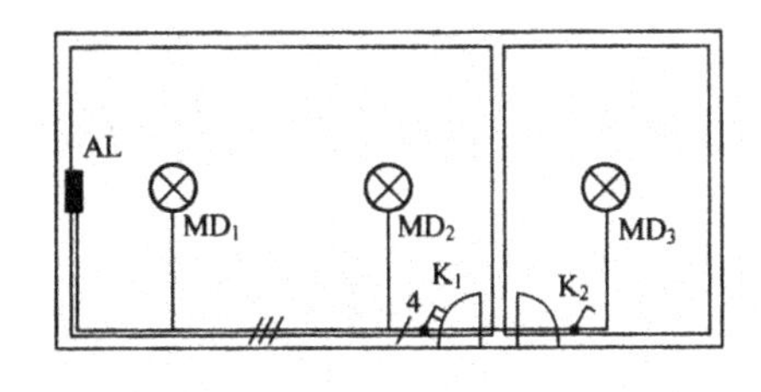

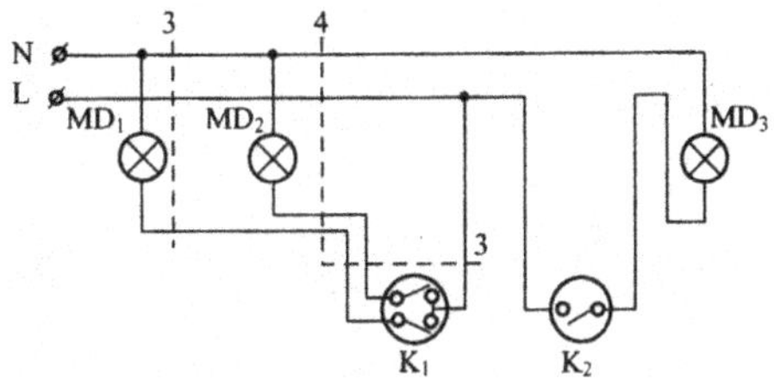

图 2-2　直接接线法

(2)共头接线法。目前工程广泛采用的是电线管配线、塑料护套线配线，电线管内不准有接头，导线的分路接头只能在开关盒、灯头盒、接线盒中引出。这种接线法称为共头接线法，比较可靠，但耗用导线较多，变化复杂，当灯具和开关的位置改变、进线方向改变、开关的位置改变时，都会使导线根数发生变化。共头接线法如图 2-3 所示。

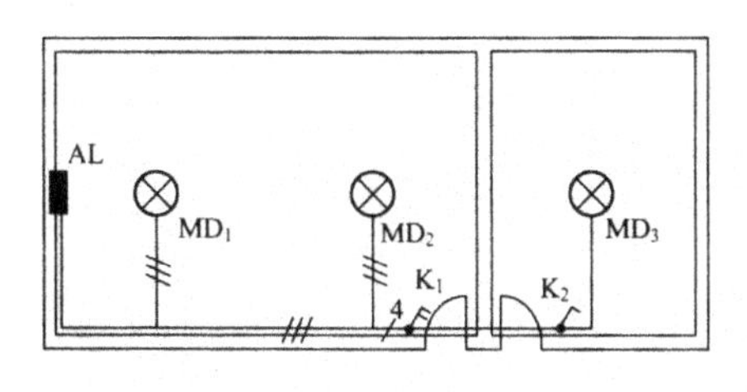

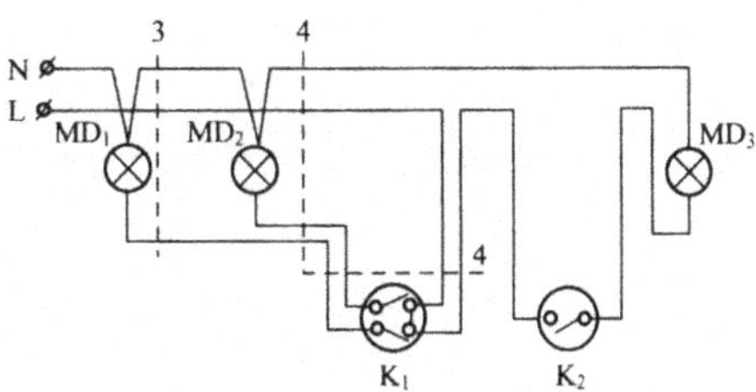

图 2-3　共头接线法

2. 常见的照明控制基本线路

常见的照明控制基本线路有下面几种。

(1)一只开关控制一盏灯或多盏灯。在一个房间内，一只开关控制一盏灯如图 2-4 所示。这是最简单的照明布置图，采用电线管配线。图 2-4(a)为照明平面图，到灯座的导线及灯座与开关之间的导线都是两根；图 2-4(b)

为系统图，简单明了；图 2-4(c)为透视接线图，到灯座的两根导线，一根为中线(N)，一根为控制线(G)；图 2-4(d)为原理图。通过分析原理图，在实际布线和接线中就能掌握导线根数的变化规律。

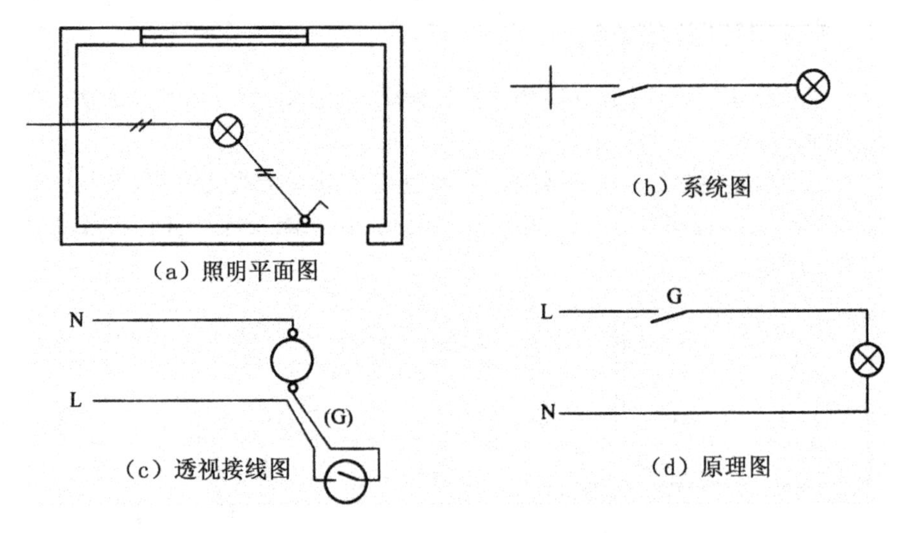

图 2-4　一只开关控制一盏灯

一只开关控制两盏灯如图 2-5 所示。

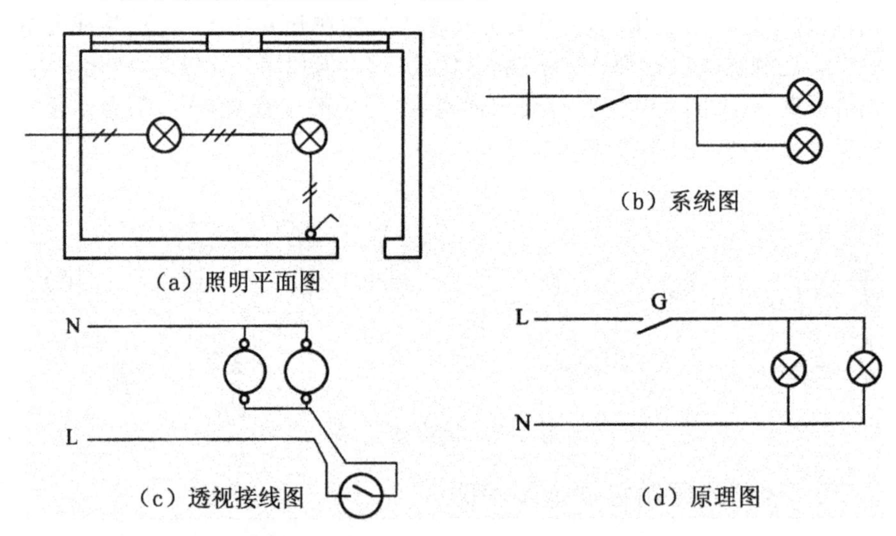

图 2-5　一只开关控制两盏灯

在识图中可以发现电气平面图与实际电气接线图的区别，在实际电气接线时要清楚以下几点：

1)电源进线是两根线,接入开关和灯座的也是两根线。

2)开关必须串接在相线上,一进一出,出线接灯座,零线不进开关,直接接灯座。

3)一只开关控制多盏灯时,几盏灯均应并联接线,而不是串联接线。

(2)多个开关控制多盏灯。图 2-6 是两个房间的照明图,有一个照明配电箱、三盏灯、一个单控双联开关和一个单控单联开关,采用电线管配线方式。图 2-6(a)为平面图。图 2-6(a)中左图两盏灯之间为 3 根线,中间一盏灯与单控双联开关之间为 3 根线,其余都是 2 根线,因为电线管的中间不允许接头,接头只能放在灯盒内或开关盒内。图 2-6(b)为系统图,简单明了。图 2-6(c)为原理图。图 2-6(d)为透视接线图。通过分析原理图,在实际布线和接线中就能掌握导线根数的变化规律。

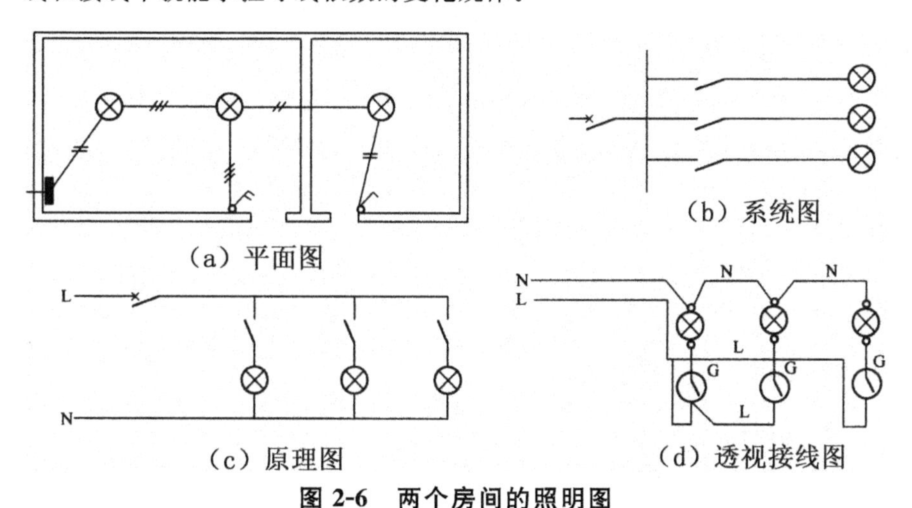

图 2-6　两个房间的照明图

(3)两个开关控制一盏灯。用两个双控开关在两处控制一盏灯,通常用在楼梯灯、走廊灯,在走廊两端用两个双控开关控制一盏灯的平面图如图 2-7(a)所示,原理图如图 2-7(b)所示,透视接线图如图 2-7(c)所示。在图示开关位置时,灯不亮,但无论扳动哪个开关,灯都会亮。

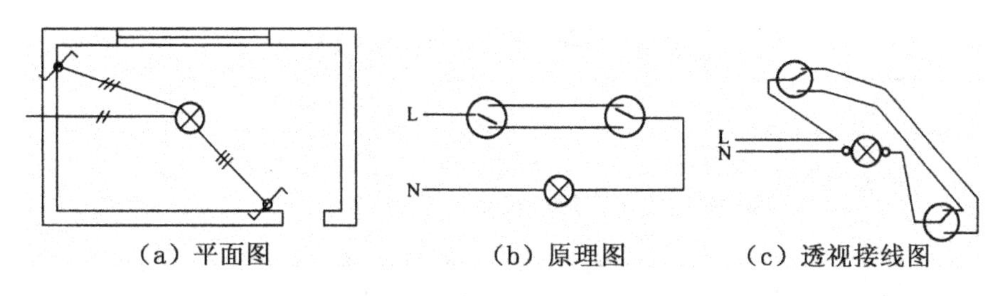

图 2-7　两个开关控制一盏灯

2.2 家居布线材料的选用

2.2.1 PVC 电线管的分类及选用

1. PVC 电线管

PVC 全名为 Poly Vinyl Chlorid，主要成分为聚氯乙烯，另加入其他成分以增强耐热性、韧性、延展性等。PVC 电线管是由聚氯乙烯树脂与稳定剂、润滑剂等配合后用热压法挤压成型的，是无毒无味的环保制品。

现代家居的电气线路一般采用电线穿 PVC 电线管暗敷设，为了安全和防止电气火灾，当电线敷设在墙内、楼板内和吊顶内时要穿管敷设，护套绝缘电线在正常环境下可以直敷，但不能直敷在吊顶、墙壁和顶棚内。PVC 电线管与传统金属管相比，具有自重轻、耐腐蚀、耐压强度高、卫生安全、节约能源、节省金属、改善生活环境、使用寿命长、安装方便等特点。在家居电气工程中，常用的是 PVC 电线管和 PVC 波纹管。PVC 电线管通常分为普通聚氯乙烯(PVC)、硬聚氯乙烯(PVC-U)、软聚氯乙烯(PVC-P)、氯化聚氯乙烯(PVC-C)四种。

2. PVC 电线管的性能

(1)PVC 电线管的分类。PVC 电线管根据管形可分为圆管、槽管、波形管。

PVC 电线管根据管壁的薄厚可分为轻、中、重型 3 种。轻型—205，外径为 ϕ16mm～ϕ50mm，主要用于挂顶；中型—305，外径为 ϕ16mm～ϕ50mm，用于明装或暗装；重型—305，外径为 ϕ16mm～ϕ50mm，主要用于埋藏混凝土中。家居电气工程主要选择轻型和中型。

PVC 电线管根据颜色可分为灰色、白色、黄色、红色等。

(2)PVC 电线管的性能指标。PVC 电线管的性能指标见表 2-1。

表 2-1　PVC 电线管的性能指标

项目	JG/T 3050—1998 要求
外观	套管内外表面应光滑，无明显的气泡、裂纹及色泽不均匀等缺陷，端口垂直平整，颜色为白色
尺寸	最大外径量规自重能通过；最小外径量规自重不能通过；最小内径量规自重能通过

续表

项目	JG/T 3050—1998 要求
抗压性能	相应载荷，加载 1min，变形＜25％；卸载 1min，变形＜10％
冲击性能	在－15℃或－5℃低温下，相应冲击能量，12 根试样至少 9 根无肉眼可见裂纹
弯曲性能	在－15℃或－5℃低温下，弯曲，无可见裂纹
弯扁性能	弯管 90°角，固定在钢架上，在(60±2)℃条件下，量规能自重通过
耐热性能	在(60±2)℃条件下，直规 5mm 的钢珠施以 2kg 压力在管壁上，管表面压痕直径＜2mm
跌落性能	无震裂、破碎
电绝缘强度	在(20±2)℃水中，2000V、AC、50Hz 保持 15min 不被击穿
绝缘电阻	在(60±2)℃水中，500V，DC，电阻＞100MΩ
阻燃性能	离开火焰后，30s 内熄灭
氧指数	≥32

(3)PVC 电线管的壁厚。PVC 电线管公称外径分别为 16mm、20mm、25mm、32mm、40mm，产品厚度如下：

1)16 外径的轻型、中型、重型厚度分别为 1.00(轻型允许差＋0.15)、1.20(中型允许差＋0.3)、1.6(重型允许差＋0.3)。

2)20 外径的中型、重型(没有轻型的)厚度分别为 1.25(中型允许差＋0.3)、1.8(重型允许差＋0.3)。

3)25 外径的中型、重型(没有轻型的)厚度分别为 1.50(中型允许差＋0.3)、1.9(重型允许差＋0.3)。

4)32 外径的轻型、中型、重型厚度分别为 1.40(轻型允许差＋0.3)、1.80(中型允许差＋0.3)、2.4(重型允许差＋0.3)。

5)40 外径的轻型、中型、重型厚度分别为 1.80(轻型、中型允许差＋0.3)、2.0(重型允许差＋0.3)。

(4)PVC 电线管的型号及规格。PVC 电线管的型号及规格见表 2-2。

表 2-2 PVC 电线管的型号及规格

型号	规格/mm	每支米数	型号	规格/mm	每支米数
F521L16	ϕ16	3.03	F521M32	ϕ32	3
F521120	ϕ20	3.03	F521M40	ϕ40	3
F521125	ϕ25	3.03	F521M50	ϕ50	3
F521132	ϕ32	3	F521G16	ϕ16	3.03
F521L40	ϕ40	3	F521G20	ϕ20	3.03
F521L50	ϕ50	3	F521G25	ϕ25	3.03
F521M16	ϕ16	3.03	F521 G32	ϕ32	3
F521M20	ϕ20	3.03	F521G40	ϕ40	3
F521M25	ϕ25	3.03	F521G50	ϕ50	3

3. PVC 电线管的质量特性

优质的 PVC 电线管具有以下特性：

(1)观察 PVC 电线管的外观，表面的光泽度较好且油性很大的为优质产品。质量优的 PVC 电线管的内、外壁应平滑，无明显气泡，无裂纹及色泽不均等缺陷；内外表面应没有凸棱及类似缺陷。

(2)观察管壁厚度(管壁较厚)，PVC 电线管的壁厚应均匀，壁厚要求达到手指用劲捏不扁的强度至少为 1.2mm。管壁越薄，力学性能越差，燃烧性能越好(加入的阻燃抑烟剂越多)，管壁容易出现脆、裂、断的现象。

(3)用脚踹和车碾只会扁，不会裂开也不会碎。

(4)管口边缘应平滑，韧性较好，管体弯曲时不会造成管体起皱或开裂。

劣质的 PVC 电线管具有以下特性：

(1)劣质的 PVC 电线管由于钙粉添加量过大(钙粉廉价)，因此颜色发白。

(2)用脚踹和车碾都容易碎裂。

(3)壁厚很薄。

(4)弯曲时容易裂口。

4. PVC 电线管的选用要点

PVC 电线管除了需要满足一定的机械应力条件外，还应满足消防安全要求，常出现的缺陷是抗压强度等理化性能不过关，氧指数偏低，烟密度超标等，在选用PVC电线管时应注意以下几点：

(1)检查PVC电线管外壁是否有生产厂标记和阻燃标记，无上述两种标记的PVC电线管不能采用。PVC电线管上面的字体应清晰，每隔一米范围内应该有“PVC电工套管”、品牌、认证、型号等字样，应标明每批产品的制造厂名称、商标或其他识别符号，如型号、外径尺寸、导管长度、性能标准编号等。如果PVC电线管上没有这些标识，就说明是伪劣产品，不能选用。

(2)要选用符合国家标准或行业标准的产品。一般来说，PVC电线管的标识中应标明产品的执行标准。目前，PVC电线管执行的标准有公安部行业标准(GA 305—2001)、建设部标准(JG 3050—1998)及一些企业标准。执行公安部标准的PVC电线管质量最优，符合该标准的产品，在消防安全上最可靠。执行建设部标准的PVC电线管质量次之。执行地方标准和企业标准的PVC电线管质量又次之。普通家庭用户安装选用的PVC电线管只要能达到建设部的标准即可。如果是建筑工程领域使用的PVC电线管，则一定要达到公安部行业标准。另外，PVC电线管作为阻燃建筑材料产品，在用于有防火要求的建筑物或部位时，还应满足国家标准《建筑材料燃烧性能分级方法》(GB 8624—1997)中相应防火级别的要求。

(3)检验生产厂家当年或上一年的有效检验报告。国家防火建筑材料质量监督检验中心是国家法定检验机构，可通过上网或电话查询检验报告的真实性和有效期。

(4)观察PVC电线管的外观。质量优的导管内、外壁平滑，无明显气泡、裂纹及色泽不均等缺陷，内外表面没有凸棱及类似缺陷，管口边缘平滑，不损伤电线、电缆的绝缘层，壁厚均匀；反之，质量较差。

(5)比较电气力学性能和燃烧性能，包括抗压能力、抗冲击能力、抗弯曲能力、抗弯折能力、耐热能力、电气绝缘性能及氧指数、水平燃烧性能、烟气密度等级等。一般来说，管壁越薄，力学性能越差，燃烧性能越好(加入的阻燃抑烟剂越多，容易出现脆、裂、断的现象)，在选购时可根据使用场所不同的燃烧性能要求来选用电气力学性能较好的PVC电线管。

(6)选购质量信誉度高的企业生产的产品。目前国内几个大的生产企业都已经通过ISO 9000国际质量管理体系认证和名牌产品认证，产品质量较稳定，售后服务好，而小厂生产的产品容易因配方调整和节约成本等原因造成质量不稳定或销售产品质量远低于送检产品的情况。

2.2.2 电线的分类及选用

1. 电线的分类

电线一般可分为塑铜线、护套线、橡套线等。

家居常用的电线按适用范围分为绝缘电线、耐热电线、屏蔽电线。

(1)绝缘电线。用于一般动力和照明线路,如型号为 BLV-500-25 的电线。

(2)耐热电线。用于温度较高的场所,供交流 500V 以下、直流 1000V 以下的电工仪表、电信设备、电力及照明配线用,如型号为 BV-105 的电线。

(3)屏蔽电线。供交流 250V 以下的电器、仪表、电信电子设备及自动化设备屏蔽线路,如型号为 RVP 的铜芯塑料绝缘屏蔽软线。

2. 电线的型号、名称及规格

电线型号的含义如图 2-8 所示。家居常用电线的型号、名称及规格见表 2-3。

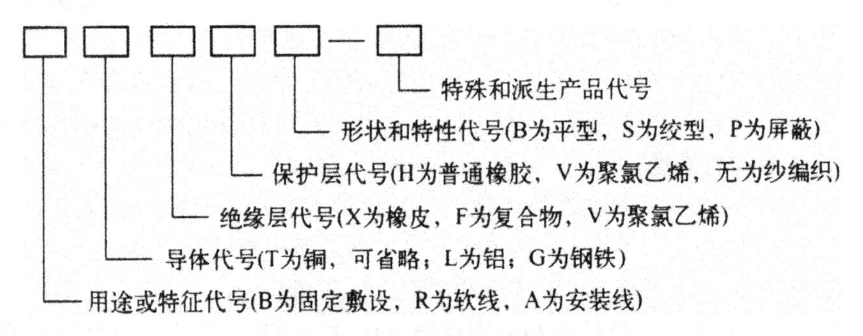

图 2-8 电线型号的含义

表 2-3 家居常用电线的型号、名称及规格

型号	名称	额定电压/V	芯数	规格范围/mm^2
BV	铜芯聚氯乙烯绝缘电缆(电线)	300/500	1	0.5～1
		450/750	1	1.5～400
BLV	铝芯聚氯乙烯绝缘电缆(电线)	450/750	1	2.5～400
BVR	铜芯聚氯乙烯绝缘软电缆(电线)	450/750	1	2.5～70

续表

型号	名称	额定电压/V	芯数	规格范围/mm²
BVV	铜芯聚氯乙烯绝缘聚氯乙烯护套圆形电缆	300/500	1	0.75～10
			2,3,4,5	1.5～35
BLVV	铝芯聚氯乙烯绝缘聚氯乙烯护套圆形电缆	300/500	1	2.5～10
BVVB	铜芯聚氯乙烯绝缘聚氯乙烯护套扁形电缆(电线)	300/500	2,3	0.75～10
BLVVB	铝芯聚氯乙烯绝缘聚氯乙烯护套平形电线	300/500	2,3	2.5～10
BV-105	铜芯耐热105℃聚氯乙烯绝缘聚电线	450/750	1	0.5～6
RV	铜芯聚氯乙烯绝缘连接软电缆(电线)	300/500	1	0.3～0.1
		450/450		1.5～70
RVB	铜芯聚氯乙烯绝缘平行连接软电缆(电线)	300/300	2	0.3～1
RVS	铜芯聚氯乙烯绝缘绞行连接软电缆(电线)	300/300	3	0.3～0.75
RV-105	铜芯耐热105℃聚氯乙烯绝缘连接软电线	450/750	1	0.5～6
RVV-105	铜芯耐热105℃聚氯乙烯绝缘和护套软电线	300/300	2,3	0.5～0.75
		300/500	2,3,4,5	0.75～2.5

家居常用电线的型号有：

(1)BV。铜芯聚氯乙烯绝缘电线(单股铜芯线)，芯线比较硬，走线容易成形，与开关连接时容易把开关螺钉溢扣，操作不方便，适用于交流额定电压为450～750V及以下的动力、日用电器、仪器仪表及电信设备等。铜芯聚氯乙烯绝缘电线长期允许工作温度不超过70℃。

(2)BVR。铜芯聚氯乙烯绝缘软电线(多股铜线,比 RV 的股数少),芯线杂质较少,中等软硬,走线较容易。适用于交流额定电压为 450～750V 及以下的动力、日用电器、电气工程装配、仪器仪表及电信设备等,多用于家居。铜芯聚氯乙烯绝缘软电线长期允许工作温度不超过 70℃。

(3)RV。铜芯聚氯乙烯绝缘连接软电线(多股铜线),芯线杂质很少,芯线比较软,适用于交流额定电压为 450～750V 及以下的动力、日用电器、仪器仪表及电信设备等,多用于电气工程装配及家居。铜芯聚氯乙烯绝缘连接软电线长期允许工作温度不超过 70℃。

3. 绝缘电线的选择

如果装修的是旧房,则原有的铝线一定要更换成铜线,因为铝线极易氧化,接头易打火,据调查,使用铝线电气火灾的发生率为铜线的几十倍。如果只换开关和插座,那会为住户今后的用电埋下安全隐患。

家居中使用的电线一般为单股铜芯线,也可以选用多股铜芯线,比较方便穿线。其截面积主要有 $1mm^2$、$1.5mm^2$、$2.5mm^2$、$4mm^2$ 和 $6mm^2$。$1mm^2$ 的铜芯电线最大可承受 5～8A 电流。$1.5mm^2$ 的电线一般用于灯具和开关线;$2.5mm^2$ 铜芯线一般用于插座线和部分支线;$4mm^2$ 铜芯线用于电路主线和空调、电热水器等的专用线。

电线选择的主要内容如下:

(1)型号。反映电线的材质和绝缘方式。

(2)截面积。电线截面积选择是电线选择的主要内容,直接影响电线的使用安全和工程造价。

(3)电压。电线的绝缘电压必须等于或大于线路的额定电压值。

(4)在选择电线时还要考虑电线的机械强度。

4. 电线颜色的选择

(GB 50258—96)《电气装置安装工程 1kV 及以下配线工程施工及验收规范》第 3.1.9 条规定:当配电线路采用多相电线时,其相线的颜色应易于区分(三相应采用黄、绿、红),相线与零线的颜色应不同,保护地线(PE 线)应采用黄、绿颜色相间的绝缘电线;零线(中性线 N)宜采用淡蓝(应为蓝)色绝缘电线,同一建筑物内的相线、零线、保护地线的颜色选择应统一。

电线颜色的相关规定见表 2-4。

表 2-4　电线颜色的相关规定

类别	颜色标志	线别	备注
一般用途电线	黄色 绿色 红色 浅蓝色	相线 L1 相 相线 L2 相 相线 L3 相 零线或中性线	U 相 V 相 W 相
保护接地(接零) 中性线(保护接零)	绿/黄双色	保护接地(接零) 中性线(保护接零)	颜色组合 3∶7
二芯(供单相电源用)	红色 浅蓝色	相线 零线	—
三芯(供单相电源用)	红色 浅蓝色(或白色) 绿/黄色或黑色	相线 零线 保护零线	—
三芯(供三相电源用)	黄色、绿色、红色	相线	无零线
四芯(供三相四线制电源用)	黄色、绿色、红色、 浅蓝色	相线 零线	—

在家居电气施工中,虽因条件限制或其他因素,往往不能按规定要求选择电线颜色,但应遵照以下要求使用电线:

(1)相线可使用黄色、绿色或红色中的任一种颜色,但不允许使用黑色、白色或黄、绿颜色相间的电线。

(2)零线可使用黑色电线,没有黑色电线时,也可用白色电线,零线不允许使用红色电线。

(3)保护零线应使用黄、绿颜色相间的电线,如无此种颜色电线,也可用黑色电线,但这时零线应使用浅蓝色或白色电线,以便两者有明显的区别。保护零线不允许使用除黄、绿颜色相间和黑色电线以外的其他颜色的电线。

5. 选择优质电线的方法

(1)看电线是否符合国家电工委员会产品质量认可(或有 CCC 认证);看有无质量体系认证书;看合格证是否规范;看有无厂名、厂址、检验章、生产日期;看电线上是否印有商标、规格、电压等;电线是否有产品检验合格证书和产品质量专用标识。

(2)电线绝缘皮包裹比较紧,包裹铜芯比较均匀,用手撸电线绝缘皮时难以撸动。

(3)高质量电线绝缘皮的光泽度佳,质地均匀,且有很好的韧性。

(4)铜芯为紫红色,有光泽,手感软,铜的纯度越高质量越好。

(5)检查铜芯线直径是否达到国家规定的平方标准,还要看电线铜芯的横断面,优等品铜芯的颜色光亮、色泽柔和,铜芯黄中偏红,表明所用的铜材质量较好,而黄中发白则是低质铜材,高质量电线的铜芯外表光亮且稍软。

(6)看每一卷电线的长度标准,重量是否达到国家规定的标准,质量好的电线,一般都在规定的重量范围内。如截面积为 1.5mm^2 的塑料绝缘单股铜芯线,每 100m 重量为 1.8～1.9kg;2.5mm^2 的塑料绝缘单股铜芯线,每 100m 重量为 3～3.1kg;4.0mm^2 的塑料绝缘单股铜芯线,每 100m 重量为 4.4～4.6kg。质量差的电线重量不足,要么长度不够,要么电线铜芯杂质过多。

(7)截取一段电线,看其线芯是否位于绝缘层的正中,不居中的是由于工艺不高而造成的偏芯现象,再看绝缘层厚薄是否均匀和表面是否有气孔、疙瘩。

6. 劣质电线的判断方法

(1)绝缘层包裹不均匀,并且绝缘皮较厚(使用再生塑料制成,时间长容易老化漏电),表面看上去电线很粗,但铜芯很细,劣质铜线的实际截面积要比标称截面积少一个等级,如标称为 6mm^2 的,实际只有 4mm^2,达不到规定的平方标准。

(2)绝缘皮包裹不紧,用手容易撸动。劣质铜线的绝缘材料很多是使用回收的再生塑料,颜色较黯淡,厚薄不匀,字迹不清晰,黏性不好,绝缘差,容易老化开裂。

(3)劣质电线的铜芯采用再生铜原料,由于制造工艺不过关,铜芯线颜色为紫黑色,偏黄偏白,杂质多,电阻率高,同样的长度电阻大,导电能力差,机械强度差,韧性不佳,且线芯常有折断现象。

2.3 智能家居强电布管、布线要求及施工

2.3.1 布线方式及定位

1. 布线方式

(1)顶棚布线。布线主要走棚顶上,这种布线方式最有利于保护电线,是最方便施工的方式。电线管主要隐蔽在装饰面材或者天花板中,不必承

受压力，不用打槽，布线速度快。

（2）墙壁布线。布线主要走墙壁内，这种布线方式的优点是电线管本身不需要承重，它的承重点在管子后面的水泥上。

（3）地面布线。布线主要走地上，这种布线方式的缺点是，必须使用较为优良的穿电线管，因为地上的穿电线管将要承受人体和家具的重量（管子表面上那层水泥并不能完全承重，因为它不完全是一个拱桥的形式，管子其实和水泥是一体的，所以必须自身要承担一定重量）。

2. 定位

（1）精准、全面、一次到位。

（2）厨房线路定位应全面参照橱柜图样，整体浴室的定位应结合浴室设备完成。

（3）电视机插座及相关定位，应考虑电视机柜的高度，以及业主所有电视机的类型。

（4）客厅花灯的灯泡数量较多，应询问业主是否采取分组控制。

（5）空调器定位时，应考虑是单相还是三相。

（6）热水器定位时，一定要明确所采用的具体类型。

用彩色粉笔（不用红色）记录时，字迹要清晰、醒目，文字必须写在不开槽的地方，粉笔颜色应一致。

2.3.2　智能家居强电布线开槽技术要求及操作技能

1. 开槽技术要求

（1）确定开槽路线。确定开槽路线应根据以下原则：

1）路线最短原则。

2）不破坏原有电线管原则。

3）不破坏防水原则。

（2）确定开槽宽度。根据电线根数、规格确定 PVC 电线管的型号、规格及根数，进而确定槽的宽度。

（3）确定开槽深度。若选用 16mm 的 PVC 电线管，则开槽深度为 20mm；若选用 20mm 的 PVC 电线管，则开槽深度为 25mm。

2. 开槽工具及工艺流程

（1）开槽工具与器材准备。开槽需要准备手锤、尖錾子、扁錾子、电锤、切割机、开凿机、墨斗、卷尺、水平尺、平水管、铅笔、灰铲、灰桶、水桶、手套、防尘罩、风帽、垃圾袋等工具和器材。

(2)开槽工艺流程。

1)弹线。首先要根据用电器及控制电器位置进行线路定位,如开关位置、插座位置、灯具位置等,再根据线路走向弹墨线,弹线必须横平竖直,且清晰。根据所注明回路选择的电线及电线管,计算出开槽的宽度和深度,开槽必须横平竖直,强电与弱电开槽距离必须≥500mm。

2)开槽。开凿可直接用凿子凿,也可用切割机、开凿机、电锤。先用切割机、开槽机切到相应深度,再用电锤或用手锤凿到相应深度,并把槽边凿毛。开槽深度应一致,一般槽深为 PVC 电线管直径+10mm。

3)清理。确认所开线槽完毕后,应及时清理,清理时应洒水防尘。

3. 开槽相关标准和要求

1)所开线槽必须横平竖直。

2)砖墙开槽深度为电线管管径+12mm。

3)同一槽内有 2 根以上电线管时,电线管与电线管之间必须有≥15mm 的间缝。

4)顶棚是空心板的,严禁横向开槽。

5)混凝土上不宜开槽,若开槽,则不能伤及钢筋结构。

6)开槽次序宜先地面、后顶面、再墙面,同一房间、同一线路宜一次开到位。

开槽打洞时,应避免用力过猛,造成洞口或槽开得过大、过宽,以免造成墙壁面周围破碎,甚至影响土建结构的质量。在沙灰墙体上开槽时,一定要用开槽机开槽,否则线槽周围由于电锤的震动易产生空鼓、开裂等问题。在墙立面开槽时,应用切割机,按略大于电线管直径切割线槽(严禁将承重墙体和受力钢筋切断及在墙上横向开槽)。

在墙面上开槽的规范工艺如下:

1)根据定位和线路走向弹好墨线后,用切割机沿着弹线痕迹双面切割,槽的深度要与管材的直径匹配,不允许开横槽,因横槽会影响墙的承受力。

2)开槽时尽量避免影响槽边的墙面,以免造成空鼓,留下隐患。

3)手工开槽时,沿槽走向先凿去砂浆层与砖角以形成线槽,为避免崩裂,以多次斜凿加深为宜。在混凝土结构部位开槽时,开槽深度以可埋下 PVC 电线管为标准,不易过深,以免切断结构层的钢筋,对结构层强度造成破坏。

4)开槽时,在 90°角的地方应切去内角,以利于电线管铺设。

5)线槽尽可能保持宽度一致。

6)在槽底用冲击钻钻孔,以便敲入木橛,固定电线管,木橛顶部应与槽底平齐。

不规范的开槽施工通常是不使用切割机切割(甚至不用弹线),直接在墙面凿槽,这样的施工容易造成槽边的墙面松动和空鼓,导致槽面破损度加大,增加封槽的难度,在混凝土墙面(剪力墙)开槽时,不考虑深度还会对建筑物的结构强度产生影响。

2.3.3　智能家居强电布线预埋底盒的要求及操作技能

1. 底盒预埋工具及工艺流程

(1)工具与器材的准备。卷尺、水平尺、平水管、铅笔、钢丝钳、小平头烫子、灰铲、灰桶、水桶、手套、底盒、锁扣、水泥、沙子等。

(2)工艺流程。

弹线、定位→底盒安装前的处理→湿水→底盒的稳固→清理。

1)弹线、定位。以开关的高度为基准,在安装底盒的每个墙面弹一水平线,以该水平线为基准,向上或向下确定插座、开关的高度。根据图纸上开关、插座的具体位置按如下步骤施工:

第一步:画框线。根据图纸确定的位置,在墙面上画出预埋底盒的位置,并比照底盒大小(四周放大 2～3mm)画出开凿范围框线(两个装盖孔应保持水平)。

第二步:凿框线。以平口凿沿框线垂直凿出深沟,然后从框内向框外斜凿去砖角,反复进行,并注意不得崩裂框线。

第三步:凿穴孔。将框内多余的砖角凿去,直至深度略大于底盒高度,不得过浅或过深。

第四步:修整穴孔。凿平穴孔四周和穴底,穴孔应大于底盒的外形尺寸,以放入底盒端正、适合为宜。装在护墙板内的底盒,盒口应靠近护墙板,便于面板固定。

2)底盒安装前的处理。将对应的敲落孔敲去,并装上锁扣;底盒后面的小孔须用纸团堵住;装正底盒,对准线槽,并使装盖面稍稍伸出砖砌面,且低于粉刷面 3～5mm。

3)湿水。用水将安装底盒的穴孔湿透,并将穴孔中的杂物清理干净。

4)底盒的稳固。用 1∶3 水泥砂浆将底盒稳入穴孔中,确保其平整,并与墙面平齐,底盒边不出现凹凸墙面的现象。调整位置后,在底盒的周围填上混凝土,待混凝土完全干涸后,方可布管。

5)清理。将刚稳固的底盒和锁扣里的水泥砂浆及时清理干净。

2. 底盒安装的相关标准和要求

(1)开关底盒边距地面1.2～1.4m,侧边距门套线必需≥70mm,距门口边为150～200mm,开关不得置于单扇门后,并列安装相同型号开关距水平地面的高度差不大于1mm,特殊位置(床头开关等)的开关按业主要求进行安装,同一水平线开关的高度差不大于5mm。开关、插座应采用专用底盒,四周不应有空隙,盖板必须端正、牢固。

(2)安装底盒时,开口面需与墙面平整牢固、方正,不凸出墙面。底盒安装好以后,必须用钉子或者水泥砂浆固定在墙内。

(3)在贴瓷砖的地方,应尽量装在瓷砖正中,不得装在腰线和花砖上,一个底盒不能装在两块、四块瓷砖上。

(4)并列安装的底盒与底盒之间应留有缝隙,一般情况为4～5mm。底盒必须与平面垂直,同一室内的底盒必须安装在同一水平线上。

(5)开关、插座的底盒要避开造型墙面,非装不可的尽量安装在不显眼的地方。底盒尽量不要装在混凝土构件上,非装不可的地方,若遇到钢筋,标准型底盒装不进,则需将底盒锯掉一部分或明装。

(6)如底盒装在石膏板上,则需用至少2根20～40mm的木方,将其稳固在龙骨架上。

(7)地面插座盒预埋时,应将底盒口高出毛地坪1.5～2cm,以便于后期施工时依靠地插座本身的可调余量与地面找平。

(8)为使底盒的位置正确,应该先固定底盒,然后布管。

3. 底盒安装的常见缺陷

底盒安装质量的通病有:底盒安装标高不一致;底盒开孔不整齐;安装电器、灯具、开关、插座时,底盒内脏物未清除;预埋的底盒有歪斜;底盒有凹进、凸出墙面现象;底盒破口;坐标超出允许偏差值。

产生的原因:安装底盒时,未参照土建施工预放的统一水平线控制标高;施工时,未计划好进入底盒电线管的数量及方向;安装电器、灯具、开关、插座时,没有清除残存底盒内的脏物和灰砂。

对上述缺陷采取的预防处理措施有:

(1)严格按照室内地面标高确定底盒标高;对于预埋的底盒,应先用线坠找正,坐标正确后再固定;底盒口应与墙面平齐,不出现凹凸墙面的现象。

(2)用水泥砂浆将底盒四周填实抹平,底盒收口应平整。

(3)穿线前,先将底盒内的灰渣清除,保证底盒内干净。

(4)穿线后,用底盒盖板将底盒临时盖好,底盒盖周边要小于开关面板或灯具底座，但应大于底盒，待土建装修完成后，再拆除底盒盖，这样可以保证在安装电器、灯具、开关、插座时底盒内干净。

2.3.4 智能家居强电布管的技术要求及操作技能

1. 布管技术要求

在家居电气施工中，不允许将塑料绝缘电线直接埋置在水泥或石灰粉层内进行暗线敷设。因埋置在水泥或石灰粉层内，电线绝缘层易损坏，造成大面积漏电，危及人身安全。家居电气配线应采用硬质阻燃PVC电线管。

硬质阻燃PVC电线管适用于室内或有酸、碱等腐蚀介质的场所作为导线保护管（不得在40℃以上的场所和易受机械冲击、碰撞摩擦等场所敷设），也适用于在混凝土结构内和砖混结构暗布管布线工程（不得在高温场所及顶棚内敷设）。

所使用阻燃型PVC电线管的材质均应具有阻燃、耐冲击性能，并应有检定检验报告单和产品出厂合格证。其外壁应有间距不大于1m的连续阻燃标记和制造厂厂标。管内外应光滑，无凸棱、凹陷、针孔、气泡，内外径尺寸应符合国家统一标准，管壁厚度应均匀一致。所用阻燃型PVC电线管附件，如各种灯头盒、开关盒、底盒、插座盒、管箍等必须使用配套的阻燃型塑料制品。黏合剂必须使用与阻燃型PVC电线管配套的产品，且必须在使用限期内使用。

在家居电气施工中，在使用电线管（PVC阻燃管）前要进行严格检查，PVC电线管不应有折扁、裂缝，管内无杂物，切断口应平整，管口应刮光。PVC电线管的连接采用胶水粘接牢固严密，并在管口塞上PVC电线管塞，防止杂物进入管内；布管时，要尽量减少转弯，沿最短路径，每根电线管转弯处不宜超过3个，直角弯不宜超过2个。管路超过一定长度时，应加装底盒，底盒位置应便于穿线。

2. 管径的选择

电线管管径的选择依据是管内电线（包括绝缘层）的总截面积不应大于管内截面积的40%。表2-5为BV塑铜线穿PVC电线管时的管径选择。虽然各厂对同一规格PVC电线管的产品编号不同，但其外径和壁厚基本相同。

表 2-5　BV 塑铜线穿 PVC 电线管时的管径选择表

管径/mm		电线截面积/mm^2					
		1	1.5	2.5	4	6	10
电线根数	2	16	16	16	16	16	20
	3	16	16	16	16	16	25
	4	16	16	16	20	20	25
	5	16	16	16	20	20	32
	6	16	16	20	20	25	32
	7	16	16	20	20	25	32
	8	16	20	20	25	25	32
	9	16	20	20	25	25	40
	10	16	20	20	25	32	40
	11	16	20	20	25	32	40
	12	16	20	20	25	32	40

3. 布管工具和工艺流程

(1)布管工具。应准备的布管工具和器材有钢丝钳、电工刀(墙纸刀)、弯管器、剪切器、手锤、线卡、电线管直接、黄蜡套管、梯子等。

(2)工艺流程。

1)加工管弯。预制管弯可采用冷摵法和热摵法。阻燃电线管敷设与摵弯对环境温度的要求是,阻燃电线管及其配件的敷设、安装和摵弯制作均应在原材料规定的允许环境温度下进行,温度不宜低于－15℃。

2)布管。电线管切割宜用专用剪刀,亦可用钢锯锯断。PVC 电线管厂提供的剪刀可以切割 16～40mm 的电线管。用剪刀切割电线管时,先打开手柄,把电线管放入刀口内,握紧手柄,用棘轮锁住刀口;松开手柄后再握紧,直到电线管被切断。用专用剪刀切割电线管的管口光滑。若用钢锯切割,则管口处应进行光洁处理后再进行下一道工序。暗管在墙体内严禁交叉、严禁未有底盒跳槽、严禁走斜道。布管时,同一槽内电线管如超过 2 根,则管与管之间留不小于 15mm 的间缝。

3)固定。布管完毕后,用线卡将其固定。

4)接头。管与管、管与箱(盒)连接时应符合下列条件:

管与管之间采用套管连接,套管长度宜为管外径的 1.5～3 倍,管与管的对口应位于套管中心。

管与器件连接时,插入深度为 2cm,管与底盒连接时,必须在管口套锁扣。

盒、箱孔应整齐并与管径相吻合,进入配电箱、接线箱盒的电线管应排列整齐,一管一孔,插入与管外径相匹配箱盒的敲落孔内,电线管要与盒箱壁垂直,再在盒箱内的管端采用锁扣固定,多根管线同时插入盒箱时,插入盒箱部分的管端长度要一致,管口应平齐。

5)整理。电线管的管口、连接处均应进行密封处理,槽内的电线管离开槽墙面的净距不应小于 15mm。电线管和箱盒连接后,应使箱盒端正、牢固。

4. PVC 电线管的保护

在地面敷设 PVC 电线管工程完毕后,应在铺设的 PVC 电线管两侧放置木方,或用水泥砂浆做护坡,以防止 PVC 电线管在工人施工中因来回走动而被踩破。

5. PVC 电线管敷设常见缺陷

PVC 电线管敷设常见缺陷有:接口不严密;PVC 电线管、箱盒内有杂物堵塞;PVC 电线管摵弯处出现扁、凹、裂等情况;PVC 电线管在槽内固定不牢固;PVC 电线管离开槽墙面的净距小于 15mm。

缺陷原因:接口不严是因为接口处未加套;PVC 电线管接口做得太短,又未涂黏合剂;PVC 电线管摵弯时未加热或加热不均匀,造成 PVC 电线管扁、凹、裂现象;固定 PVC 电线管的线卡间距过大,开槽未到达要求的深度或管径选择过大。

预防处理措施如下:

(1)在购置 PVC 电线管时,须同时购置相应的接头等附件,以及适应不同管径的冷弯弹簧,以备摵弯时使用。

(2)管与管连接一定要用接头并涂黏合剂,管与盒连接应用螺接并涂黏合剂。

(3)摵弯时,使用与管径匹配的冷弯弹簧,必要时可将摵弯处局部均匀加热,均匀用力弯成所需弧度,减少出现扁、凹、裂现象。

(4)长距离的PVC电线管应尽量用整管;PVC电线管如果需要连接,则要用接头,接头和管要用胶粘结牢固。

(5)按标准要求的间距用线卡固定PVC电线管,选择PVC电线管管径应规范,并应根据PVC电线管的管径进行开槽。

2.3.5 智能家居强电布线封槽要求及操作技能

1. 封槽工具及工艺流程

(1)封槽工具及材料。封槽工具及材料有水平头烫子、木烫子、灰桶、灰铲、水泥、中砂、细砂、801胶等。

(2)封槽工艺流程。

1)调制水泥砂浆。调制封槽用的水泥砂浆,调制配比为1∶3(水泥∶砂)。

2)湿水。墙、地面开槽处用水将封槽处湿透。

3)封槽。用烫子将调制好的水泥砂浆补到开槽处。

2. 规范封槽操作技能

(1)补槽之前,须核对电气施工图,确认布管、布线正确,与业主进行隐蔽工程验收,并要求业主签字、认可。

(2)补槽前,必须确定电线管固定牢固,对松动的电线管必须使其稳固。

(3)补槽前,在槽内喷洒一定量的水,必须将封槽处用水湿透,让槽内结构层充分吸收。

(4)在补墙面上开的槽时,首先用水泥砂浆将槽抹平,然后用搓板搓光。

(5)顶棚的补槽,用801胶和水泥,并在其间掺入30%的细砂。

(6)补槽不能凸出墙面,也不能低于墙面1~2mm,封槽的水泥应略低于原墙面,以便添加石膏粉找平(砂浆中有一定的水分,挥发后会有所收缩,用石膏粉找平可避免以后线槽处开裂)。槽宽10cm须钉钢丝网。

不规范的封槽原因通常是在封槽时不喷水,直接用水泥砂浆封槽(由于水泥砂浆凝固需要一定的时间,若槽内未喷水,会导致水泥在没达到凝固时,水分就让槽内的结构层吸干了,出现封槽水泥强度不够、易开裂松动甚至脱落),封槽时,没有考虑槽面收光(未用搓板搓光),由于槽面高低不平,因此会给后期墙面修复带来一定的难度。

2.4　家居电气设计基本原则

2.4.1　家居配电线路设计基本原则

家居配电线路设计基本原则如下：

(1)照明灯、普通插座、大容量电气设备插座的回路必须分开。如果插座回路的电气设备出现故障，则仅此回路电源中断，不会影响照明回路的工作，便于对故障回路进行检修。

对空调器、电热水器、微波炉等大容量电器设备，宜一台电器设置一个回路。大容量用电回路的导线截面积适当加大后可以大大降低电能在导线上的损耗。

(2)照明应分成几个回路。家中的照明可按不同的房间搭配分成几个回路，一旦某一回路的照明出现故障，也不会影响其他回路的照明。

(3)用电总容量要与设计负荷相符。在电气设计和施工前，应向物业管理部门了解住宅建筑设计时的用电负荷总容量，不得超过该户的设计负荷。

2.4.2　家居电气配置的一般要求

家居电气配置的一般要求如下。

(1)每套家居进户处必须设置嵌墙式住户配电箱。住户配电箱应设置有电源总开关，该开关能同时切断相线和中性线，且有断开标志。每套家居应设电能表，电能表箱应分层集中嵌墙暗装在公共部位。

家居配电箱内的电源总开关应采用两极开关，总开关容量选择不能太大，也不能太小；要避免出现与分开关同时跳闸的现象。

(2)家居电气开关、插座的配置应能够满足需要，并对未来家庭电气设备的增加预留足够的插座。家居各个房间可能用到的开关、插座数目见表 2-6。

表 2-6　家居各个房间可能用到的开关、插座数目

房间	开关或插座名称	数量	设置说明
主卧室	双控开关	2	主卧室顶灯、卧室做双控开关非常必要，尽量使每个卧室都是双控
	五孔插座	4	两个床头柜处各 1 个(用于台灯或落地灯)、电视电源插座 1 个、备用插座 1 个
	三孔 16A 插座	1	空调器插座没必要带开关，现在设计的室内大功率电器都有空调开关控制，不用的时候将空调器的一组单独关掉即可
	有线电视插座	1	—
	电话及网线插座	各 1	—
次卧室	双控开关	2	控制次卧室顶灯
	五孔插座	3	2 个床头柜处各 1 个、备用插座 1 个
	三孔 16A 插座	1	用于空调器供电
	有线电视插座	1	—
	电话及网线插座	各 1	—
书房	单联开关	1	控制书房顶灯
	五孔插座	3	台灯、计算机、备用插座
	电话及网线插座	各 1	—
	三孔 16A 插座	1	用于空调器供电
客厅	双控开关	2	用于控制客厅顶灯(有的客厅距入户门较远，所以做成双控的会很方便)
	单联开关	1	用于控制玄关灯
	五孔插座	7	电视机、饮水机、DVD、鱼缸、备用等插座
	三孔 16A 插座	1	用于空调器供电
	有线电视插座	1	—
	电话及网线插座	各 1	—

续表

房间	开关或插座名称	数量	设置说明
厨房	单联开关	2	用于控制厨房顶灯、餐厅顶灯
	五孔插座	3	电饭锅及备用插座
	三孔插座	3	抽油烟机、豆浆机及备用插座
	一开三孔 10A 插座	2	用于控制小厨宝、微波炉
	一开三孔 16A 插座	2	用于电磁炉、烤箱供电
	一开五孔插座	1	备用
	单联开关	3	灯带、吊灯、壁灯
	三孔插座	1	用于电磁炉
	五孔插座	2	备用
阳台	单联开关	2	用于控制阳台顶灯、灯笼照明
	五孔插座	1	备用
卫生间	单联开关	1	用于控制卫生间顶灯
	一开五孔插座	2	用于洗衣机、吹风机供电
	一开三孔 16A 插座	1	用于电热水器供电(若使用天然气热水器可不考虑安装一开三孔 16A 插座)
	防水盒	2	用于洗衣机和热水器插座
	电话插座	1	—
	浴霸专用开关	1	用于控制浴霸
	单联开关	1	用于控制卫生间顶灯
	一开五孔插座	1	用于电吹风供电
	防水盒	1	用于电吹风插座
弦关	电话插座	1	—
	双控开关	2	用于控制走廊顶灯,如果走廊不长,一个普通单联开关即可
	双控开关	2	用于控制楼梯灯
备注	设备要多装,宁滥勿缺。墙上所有预留的开关插座,如果用得着就装,用不着的就装空白面板(空白面板简称白板,用来遮蔽墙上预留的插线盒,或弃用的开关、插座孔),千万别堵上		

(3)插座回路必须加漏电保护。电气插座所接的负荷基本上是人手可触及的移动电器(吸尘器、打蜡机、落地或台式风扇)或固定电器(电冰箱、微波炉、电加热淋浴器和洗衣机等)。当这些电器设备的导线受损(尤其是移动电器的导线)或人手可触及电器设备的带电外壳时,就有电击危险。

(4)阳台应设人工照明。阳台装置照明可改善环境,方便使用,尤其是封闭式阳台设置照明十分必要。阳台照明线宜穿管暗敷。若造房时未预埋,则应用护套线明敷。

(5)住宅应设有线电视系统,其设备和线路应满足有线电视网的要求。

(6)每户电话进线不应少于两对,其中一对应通到计算机桌旁,以满足上网需要。

(7)电源、电话、电视线路应采用阻燃型塑料管暗敷。电话和电视等弱电线路也可采用钢管保护,电源线采用阻燃型塑料管保护。

(8)电气线路应采用符合安全和防火要求的敷设方式配线,导线应采用铜导线。

(9)由电能表箱引至住户配电箱的铜导线截面积不应小于 $10mm^2$,住户配电箱照明分支回路的铜导线截面积不应小于 $2.5mm^2$,空调器回路的铜导线截面积不应小于 $4mm^2$。

(10)防雷接地和电气系统的保护接地是分开设置的。

2.4.3 家居电气配置设计方案

1. 家庭配电箱的设计思路

由于各家各户用电情况及布线上的差异,配电箱不可能有定式,只能根据实际需要而定。一般照明、插座、容量较大的空调器或电器各为一个回路,而一般容量的壁挂式空调器可设计两个或一个回路。当然,也有厨房、空调器(无论容量大小)各占一个回路的,并且在一些回路中应安排漏电保护。家用配电箱一般有 6 个、7 个、10 个回路(箱体大,还可增设更多的回路),在此范围内安排的开关,究竟选用何种箱体,应考虑住宅、用电器功率大小、布线等,并且必须控制总容量在电能表的最大容量之内(目前家用电能表一般为 10～40A)。

2. 家庭总开关容量的设计计算

家庭的总开关应根据具体用电器的总功率来选择,而总功率是各分路功率之和的0.8倍，即总功率为：

$$P_{总}=(P_1+P_2+P_3+\cdots+P_n)\times 0.8(\mathrm{kW})$$

总开关承受的电流应为：

$$I_{总}=P_{总}\times 4.5(\mathrm{A})$$

式中：$P_{总}$ 为总功率(容量)；P_1，P_2，P_3，…，P_n 为各分路功率；$I_{总}$为总电流。

3. 分路开关的设计

分路开关的承受电流为：

$$I_{分}=0.8P_{分}\times 4.5(\mathrm{A})$$

空调器回路要考虑到启动电流，其开关容量为：

$$I_{空调器}=(0.8P_n\times 4.5)\times 3(\mathrm{A})$$

分回路要按家庭区域划分。一般来说，分回路的容量选择在1.5kW以下，单个用电器的功率在1kW以上的建议单列一分回路(如空调器、电热水器、取暖器等大功率家用电器)。

4. 导线截面积的设计计算

一般铜导线的安全载流量为5～8A/mm²，如截面积为2.5mm²BW的铜导线安全载流量的推荐值为2.5mm²×8A/mm²=20A，截面积为4mm²BVV的铜导线安全载流量的推荐值为4mm²×8A/mm²=32A。

考虑到导线在长期使用过程中要经受各种不确定因素的影响，一般按照以下经验公式估算导线截面积。

$$导线截面积(\mathrm{mm}^2)\approx\frac{I}{4}(\mathrm{A})$$

按照国际有关规定，家装电路应使用铜芯线，而且应尽量使用较大截面积的铜芯线。如果导线截面积过小，其后果是导线发热加剧，外层绝缘老化加速，易导致短路和接地故障。

5. 插座回路的设计

(1)住宅内空调器电源插座、普通电源插座、电热水器电源插座、厨房电源插座和卫生间电源插座与照明应分回路设置。

(2)电源插座回路应具有过载、短路保护和过电压、欠电压或采用带多种功能的低压断路器和漏电综合保护器，宜同时断开相线和中性线，不应采用熔断器作为保护元件。

(3)每个空调器电源插座回路中的电源插座数不应超过2个。柜式空调器应采用单独回路供电。

(4)卫生间应做局部辅助等电位连接。

(5)厨房与卫生间靠近时,在其附近可设分配电箱,给厨房和卫生间的电源插座回路供电,从而可以减少住户配电箱的出线回路,减少回路交叉,提高供电可靠性。

(6)从配电箱引出的电源插座分支回路的导线截面积应采用不小于2.5mm^2 的铜芯塑料线。

6. 家居配电电路设计

电气设计的主要内容是布线、配置开关和插座等。电气设计必须在装潢设计之后,根据装潢设计图的电气产品布局进行电气设计。

配电箱 ALC2 位于楼层配电小间内,楼层配电小间在楼梯对面墙上。从配电箱 ALC2 向右引出的一条线进入户内墙上的配电箱 AH3。

(1) WL1 回路为室内照明回路,导线的敷设方式标注为 BV-3×2.5SC15-WC.CC,采用 3 根规格为 2.5mm^2 的铜芯线穿过直径为 15mm 的钢管,暗敷设在墙内和楼板内(WC.CC)。为了用电安全,照明线路中加上了保护线 PE。如果安装铁外壳的灯具,应对铁外壳做接零保护。

(2) WL2 回路为浴霸电源回路,导线的敷设方式标注为 BV-3×4-SC20-WC.CC,采用 3 根规格为 4mm^2 的铜芯线穿过直径为 20mm 的钢管,暗敷设在墙内和楼板内(WC.CC)。WL2 回路在配电箱中间向右到卫生间,接卫生间内的浴霸,2000W 吸顶安装(S)。浴霸的开关是单控五联开关,灯的开关是 6 根导线,浴霸上有 4 只取暖灯泡和 1 只照明灯泡,各用一个开关控制。

(3) WL3 回路为普通插座回路,导线的敷设方式标注为 BV-3×4-SC20-WC.CC,采用 3 根规格为 4mm^2 的铜芯线,穿过直径为 20mm 的钢管,暗敷设在墙内和楼板内(WC.CC)。WL3 回路从配电箱左下角向下,接起居室和卧室的 7 个插座,均为单相双联插座,起居室有 4 个插座,穿过墙到卧室,卧室内有 3 个插座。

(4)WL4 回路为另一条普通插座回路,线路敷设情况与 WL3 回路相同。WIA 回路从配电箱向上,接门厅插座后向右进卧室,卧室内有 3 个插座。

(5)WL5 回路为卫生间插座回路,线路敷设情况与 WL3 回路相同。WL5 回路在 WL3 回路上边,接卫生间内的 3 个插座,均为单相单联三孔插座,此处插座符号没有涂黑,表示为防水插座。其中第二个插座为带开关插座,第三个插座也由开关控制,开关装在浴霸开关的下面,是一个单控单联开关。

(6)WL6 回路为厨房插座回路,线路敷设情况与 WL3 回路相同。WL6 回路从配电箱右上角向上,厨房内有 3 个插座,其中第一个和第三个插座为单相单联三孔插座,第二个插座为单相双联插座,均使用防水插座。

(7)WL7 回路为空调器插座回路,线路敷设情况与 WL3 回路相同。WL7 回路从配电箱右下角向下,接起居室右下角的单相单联三孔插座。

(8)WL8 回路为另一条空调器插座回路,线路敷设情况与 WL3 回路相同。WL8 回路从配电箱右侧中间向右上,接上面卧室右上角的单相单联三孔插座,然后返回卧室左面墙,沿墙向下到下面卧室左下角的单相单联三孔插座。

2.5　智能家居开关、电源插座安装要求及接线

2.5.1　智能家居开关、插座安装准备及要求

1. 开关、插座安装准备

(1)施工准备。

1)开关、插座的规格型号必须符合设计要求,并有产品合格证。

2)其他材料,如金属膨胀螺栓、塑料胀管、镀锌木螺丝、镀锌机螺丝、木砖等要备好。

3)主要机具,如铅笔、卷尺、水平尺、线坠、绝缘手套、工具袋、高凳、手锤、錾子、剥线钳、尖嘴钳、扎锥、丝锥、套管、电钻、冲击钻、钻头、射钉枪、钢丝钳、十字起、一字起、试电笔、绝缘布胶带、防水胶带、电工刀(墙纸刀)等要备好。

(2)作业条件。

1)各种管路已经敷设完毕,底盒已经安装完毕。

2)线路的导线已穿完,并已做完绝缘遥测。

3)墙面的浆活、油漆及壁纸等内装修工作均已完成。

2. 开关、插座安装要求

(1)暗装开关的面板应端正、严密并与墙面平。

(2)开关位置应与灯位相对应,同一室内开关方向应一致。

(3)成排安装的开关、插座高度应一致,高低差不大于 2mm,成排安装面板之间的缝隙不大于 1mm。

(4)各种开关、插座应安装牢固,位置准确,高度一致。

开关接通和断开电源的位置应一致,面板上有指示灯的,指示灯应在上面,跷板上有红色标记的应朝上安装,“ON”字母是开的标志,当跷板或面板上无任何标志时,应装成开关往上扳是电路接通,往下扳是电路切断,如图 2-9 所示,开关不允许横装。

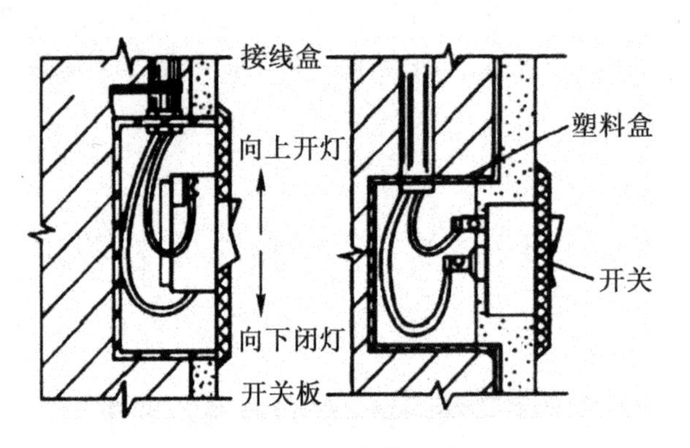

图 2-9　开关安装示意图

3. 开关面板、插座的选择要求

选择开关插座面板时应配合家里的整体风格。家居装修流行风格主要有新西式、欧式传统(包括田园式、欧陆风尚)和中国传统式等。安装在同一建筑物、构筑物内的开关,宜采用同一系列的产品。开关应操作灵活,接触可靠;面板尺寸应与预埋接线盒的尺寸一致;开关、插座表面光洁、品牌标志明显,有防伪标志和国家电工安全认证的长城标志;开关开启时手感灵活,插座铜片要有一定的厚度及弹性;面板的材料应阻燃,并且坚固。

插座的规格很多,有两孔、三孔的,有圆插头、扁插头和方插头的,有 10A、16A 的,有中国、美国和英国标准的,有带开关的、带熔丝的、带安全门的、带指示灯的,有防潮的,有尺寸为 86mm×86mm、80mm×123mm 等。在选型时,要按国家标准选型,但对具体用户来说,为了避免加转换接线板,要选择与家用电器电流、插头及接线盒规格相匹配的插座面板。

在潮湿场所(如卫生间)应采用密封良好的防水防溅插座。

2.5.2 智能家居开关、插座的安装及接线

开关、插座安装接线的工艺流程为清理—接线—安装—固定。

(1)清理。用錾子轻轻将预埋底盒内残存的灰块剔掉,同时将其他杂物一并清出底盒,再用湿布将底盒内的灰尘擦净。

(2)接线的一般规定:

同一场所开关的切断位置应一致,且操作灵活,接点接触可靠。

电器、灯具的相线应经开关控制。

多联开关不允许拱头连接,应采用 LC 形压接帽压接总头后,再进行分支连接。

先接开关的相线,再连接控制线端,插座的安装顺序为相线、零线、地线。

连接多联开关时,一定要有逻辑标准,或者是按照灯方位的前后顺序,一个一个渐远。

先将预埋底盒内甩出的导线留出维修长度,削出线芯,注意不要碰伤线芯,将导线按顺时针方向盘绕在开关、插座对应的接线柱上,然后旋紧压头。如果是独芯导线,也可将线芯直接插入接线孔内,再用顶丝将其压紧,注意线芯不得外露,将开关或插座推入底盒内(如果底盒较深,大于 2.5cm 时,应加装套盒),将开关或插座面板安装孔与底盒耳孔对正,用螺丝将面板平正地固定在墙面上,在拧紧固定面板的螺丝时,须用手按住面板,两个固定螺丝应交替拧紧。

安装的开关、插座应牢固,位置正确,盖板端正,表面清洁,紧贴墙面,四周无缝隙,同一房间开关或插座高度一致,地插座面板与地面齐平或紧贴地面,盖板固定牢固,密封良好。

开关必须串联在相线上,零线不得串接开关。两只双联开关控制一盏白炽灯的接线原理图如图 2-10 所示。三控开关的原理和接线图如图 2-11 所示。

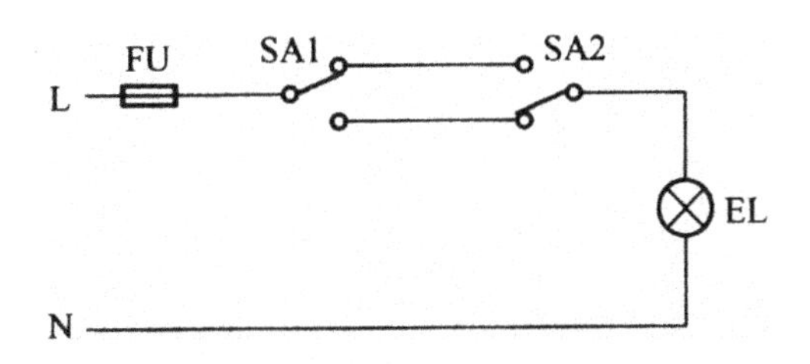

图 2-10　两只双联开关控制一盏白炽灯的接线原理图

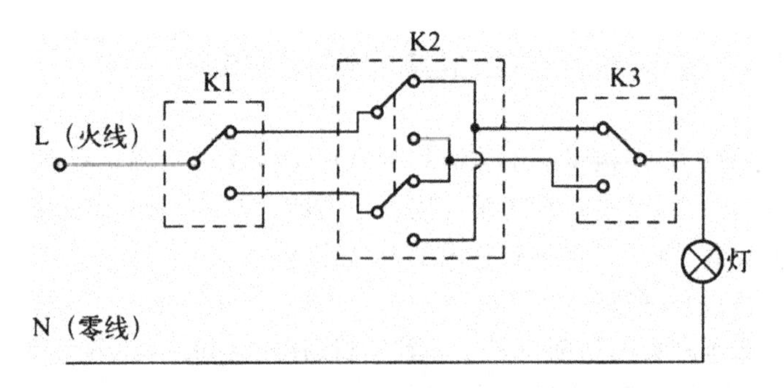

图 2-11　三控开关的原理和接线图

面对插座面板，左侧零线，右侧火线。确定火线、零线、地线的颜色，任何时候颜色都不能用混。

在进行开关接线时，电源相线应接到静触点接线柱上，动触点接线柱接灯具导线。双联开关有三个接线柱，其中两个分别与两个静触点连通，另一个与动触点接通。双控开关的共用极（动触点）与电源的 L 线连接，另一个开关的共用桩与灯座的一个接线柱连接，灯座另一个接线柱应与电源的 N 线相连接，两个开关的静触点接线柱再用两根导线分别连接。

单相两孔插座有横装和竖装两种。横装时，面对插座的右极接相线，左极接中性线；竖装时，面对插座的上极接相线，下极接中性线。单相三孔、三相四孔及三相五孔插座的接地（PE）或接零（PEN）线接在上孔。插座的接地端子不与零线端子连接。同一场所的三相插座接线的相序一致。插座箱内多个插座导线连接时，不允许拱头连接，应采用 LC 形压接帽压接总头后，再进行分支线连接。接地（PE）或接零（PEN）线在插座间不串联连接。插座插孔排列顺序如图 2-12 所示。开关、插座安装完毕后，应通电对开关、插座进行试验，开关的通断设置应一致，且操作灵活，接触可靠；插座左零、右火，应无错接、漏接；三联开关应设置正确且一致；灯具开启工作正常。

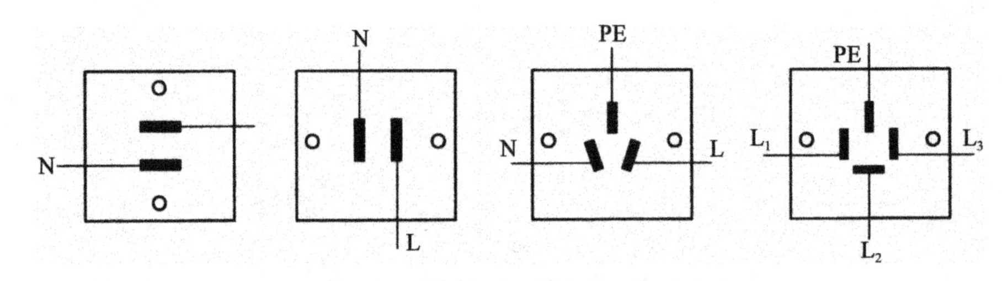

图 2-12　插座插孔排列顺序

开关、插座面板规范安装工艺如下：墙面施工完毕以后，再安装开关、插座面板；开关、插座面板与底盒固定要牢固平整；要保持开关、插座面板水平，开关、插座面板与墙面四周结合严密；安装开关、插座面板时，应戴上手套，以防安装时污染墙面。

开关、插座面板不规范施工如下：墙面未施工完毕就安装开关、插座面板；安装时不采用水平工具辅助安装，只凭目测安装；面板安装时没有采取相应的保护措施，污染墙面。

2.6　智能家居照明灯具的安装操作

2.6.1　室内照明灯具安装步骤

应在屋顶和墙面喷浆、油漆或壁纸等及地面清理工作基本完成后，才能安装灯具。室内照明灯具安装步骤如下：

(1)灯具验收。

(2)穿管电线的绝缘检测。

(3)对螺栓、吊杆等预埋件的安装。

(4)灯具组装。

(5)灯具安装。

(6)灯具接线。

(7)试灯。

2.6.2　荧光灯的安装

荧光灯的安装方法是先将电子镇流器、灯座和灯管安装在灯架上。电子镇流器要与电源电压、灯管功率相匹配，不可随意选用。导线在端头上连接时，要用螺钉旋紧，并注意裸体线圈之间不能相碰(会发生短路)。与镇流器连接的线可通过瓷接线柱连接，也可以直接连接，但要恢复好绝缘层。接线完毕，要对照电路图检查一次，以免接错接漏。开关按白炽灯安装方法进行接线。

2.6.3　吸顶灯的安装

吸顶灯可以直接装在天花板上，安装简易，款式简洁大方，赋予空间清朗明快的感觉。常用的吸顶灯有方罩吸顶灯、圆球吸顶灯、尖扁圆吸顶灯、半圆球吸顶灯、半扁球吸顶灯、小长方罩吸顶灯等，其安装方法基本相同。

(1)钻孔和固定挂板。对于现浇的混凝土实心楼板，可直接用电锤钻孔，打入膨胀螺栓，用来固定挂板。固定挂板时，在木螺钉往膨胀螺栓里拧紧时，不要一边完全到位了再固定另一边，那样容易导致另一边的孔位置对不齐。正确的方法是粗略固定好一边，使其不会偏移，然后固定另一边，两边要同时且交替进行。

(2)拆开包装，先把吸顶盘接线柱上自带的一点线头去掉，并把灯管取出来。

(3)将220V的相线(从开关引出)和零线连接在接线柱上，与灯具引出线相接。有的吸顶灯的吸顶盘上没有设计接线柱，可将电源线与灯具引出线连接，并用黄蜡带包紧，外面加包黑胶布，将接头放到吸顶盘内。

(4)将吸顶盘的孔对准吊板的螺钉，将吸顶盘及灯座固定在天花板上。

(5)按说明书依次装上灯具的配件和装饰物。

(6)插入灯泡或安装灯管(这时可以试一下灯是否能亮)。

(7)把灯罩盖好。

如果在厨房、卫生间的吊顶上安装嵌入式吸顶灯，先要按实际安装位置在扣板上打孔，将电线引过来，并在吊顶内安装三角龙骨(常见的三角龙骨有两种，一种为内翻边龙骨，另一种为外翻边龙骨，相比之下，内翻边龙骨更有优势)。使三角龙骨上边与吊筋连接，下边与灯具上的支撑架连接，这样做既安全又能保证位置准确，便于用弹簧卡子固定吸顶盘。注意处理好吸顶灯与吊顶面板的交接处，一般吸顶灯的边缘应盖住吊顶面板，否则影响美观。

2.6.4 组合吊灯的安装

由于组合吊灯较重，需要在楼板上预埋吊钩，在吊钩上安装过渡件，然后进行灯具组装。若灯具较小，重量较轻，也可用钩形膨胀螺栓固定过渡件。注意，每个膨胀螺栓的理论重量应该限制在8kg左右，重量为20kg的组合吊灯最少应该用3个。同时，应固定好接线盒。

由于组合吊灯的配件比较多，所以组装灯具一般在地面上进行。为防止损伤灯具，可在地面上垫一张比较大的包装纸或布。

组合吊灯的组装步骤如下：

(1)弯管穿线。

(2)连接灯杯、灯头。

(3)直管穿电源线。

(4)将连接好灯杯、灯头的弯管(若干支)安装固定在直管上。

(5)安装灯鼓。

(6)组装连接吸顶盘。

(7)安装灯罩。

2.6.5 嵌入式筒灯的安装

嵌入式筒灯的最大特点就是能保持建筑装饰的整体统一与完美,不会因为灯具的设置而破坏吊顶艺术的完美统一。筒灯通常用于普通照明或辅助照明,在无顶灯或吊灯的区域安装筒灯,光线相对于射灯要柔和。一般来说,筒灯可以装白炽灯泡,也可以装节能灯。

筒灯规格有大(5in)、中(4in)、小(2.5in)三种。筒灯的安装方式有横插和竖插两种,横插价格比竖插要贵少许。一般家庭用筒灯最大不超过2.5in,装入5W节能灯就行。

2.6.6 水晶灯的安装

水晶灯一般分为吸顶灯、吊灯、壁灯和台灯几大类,需要电工安装的主要是吊灯和吸顶灯。虽然各个款式品种不同,但是它们的安装方法相似。

目前,水晶灯的电光源主要有节能灯、LED灯或者是节能灯与LED灯的组合。由于大多数水晶灯的配件比较多,安装时一定要认真阅读说明书。

(1)打开包装,检查各个配件是否齐全,有无破损。

(2)检查配件后,接上主灯线通电检查,如果有通电不亮等情况,应及时检查线路(大部分是运输中线路松动);如果不能检查出原因,应及时与商家联系。这个步骤很重要,否则配件全部挂上后才发现灯具部分不亮,又要拆下,徒劳无功。

(3)通电试亮后,对照图样的外形及配件,看看哪些配件需要组装,一般吸顶灯都装好了,只是为了包装方便,可能部分部件没有组装,这时需要组装上。

(4)组装完毕后,取下灯具底盘后面的挂板,把挂板固定到天花板上,其方法与前面介绍吸顶灯挂板安装方法相同。

(5)固定好挂板后,把灯挂上(需要2～3人配合),挂好后撕下灯具的保护膜,把灯泡拧上,然后通电再一次试亮。

(6)挂好灯具后,把水晶片、玻璃片等配件挂上。

(7)把长短不同的水晶柱一个一个挂上(一般为穿孔式,数量比较多,有的灯具有几百个水晶挂件)，在安装过程中要注意按分类顺序排列，装完以后要仔细检查一下，注意挂的位置要均匀。

2.6.7 壁灯的安装

常见的壁灯有床头壁灯、镜前壁灯、普通壁灯等。床头壁灯大多装在床头的左上方，灯头可万向转动，光束集中，便于阅读；镜前壁灯多装饰在盥洗间镜子附近。

壁灯的安装高度一般距离地面2240～2650mm。卧室的壁灯距离地面可以近些，为1440～1700mm，安装的高度略超过视平线即可。壁灯挑出墙面的距离为95～400mm。

壁灯的安装方法比较简单，待位置确定好后，主要是固定壁灯灯座，一般采用打孔的方法，通过膨胀螺栓将壁灯固定在墙壁上。

第3章 智能家居弱电布线施工操作技术

除去强电照明线路日趋复杂之外，智能家居弱电线路也日渐丰富和多样，对家庭的影响也越来越大。家中电话、电脑、背景音乐、家庭影院、自动报警、可视对讲等系统都属于弱电系统的范畴。家中的“线网”越织越密，越织越复杂。

3.1 智能家居弱电线材简介及选用

3.1.1 弱电线缆的性能

SEG-NET 五类4对非屏蔽对绞线缆（UTPCAT5E）在综合布线系统中能远距离传输高比特率信号，即传输高速数据，并能保证良好的数据完整性。SEG-NET 五类4对非屏蔽对绞线缆的产品特性及典型应用见表3-1。

表3-1 SEG-NET 五类4对非屏蔽对绞线缆的产品特性及典型应用

产品特性	典型应用
适应环境温度：－20～60℃	10BASE-T
导体使用单根或多股绞合裸软铜线	100BASE-T4
标准阻燃聚氯乙烯或低烟无卤线缆护套（PVC）	100BASE-TX
阻水型电缆采用单层或双层阻水材料	100VG-AnyLAN
聚乙烯绝缘（PE）	1000BASE-T
可选择撕拉线	155Mbit/s ATM
难燃程度：CMX，CM，MP，CMG，MPG，CMR，MPR	155Mit/s ATM
无轴成卷包装	622Mit/s ATM

SGE-NET 超五类 4 对非屏蔽对绞线缆(UTPCAT5)在综合布线系统中能远距离传输高比特率信号,其频率性能可达到 155MHz。SGE-NET 超五类 4 对非屏蔽对绞线缆的产品特性及典型应用见表 3-2。

表 3-2 SGE-NET 超五类 4 对非屏蔽对绞线缆的产品特性及典型应用

产品特性	典型应用
适应环境温度:−20～60℃	10BASE-T
导体使用单根或多股绞合裸软铜线	100BASE-T4
标准阻燃聚氯乙烯或低烟无卤线缆护套(PVC)	100BASE-TX
聚乙烯绝缘(PE)	100VG-AnyLAN
可选择撕拉线	1000BASE-T
难燃程度:CMX,CM,MP,CMG,MPG,CMR,MPR	155Mbit/s ATM
无轴成卷包装	622Mbt/s ATM

SGE-NET 六类 4 对非屏蔽对绞线缆(UTPCAT6)为现有网络应用提供最高的线缆性能并符合未来网络的需求,其频率性能可达到 200MHz,通常可达 300MHz。SGE-NET 六类 4 对非屏蔽对绞线缆的产品特性及典型应用见表 3-3。

表 3-3 SGE-NET 六类 4 对非屏蔽对绞线缆的产品特性及典型应用

产品特性	典型应用
适应环境温度:−20～60℃	10BASE-T
导体使用单根或多股绞合裸软铜线	100BASE-T4
标准阻燃聚氯乙烯或低烟无卤线缆护套(PVC)	100BASE-TX
聚乙烯绝缘(PE)	100VG-AnyLAN
可选择撕拉线	1000BASE-T
难燃程度:CMX,CM,MP,CMG,MPG,CMR,MPR	155Mbt/s ATM
无轴成卷包装	622Mbt/s ATM

SGE-NET 三/五类 25 对非屏蔽对绞电缆(UTPCAT 3/CAT 5)在综合布线系统中能远距离传输高比特率信号,即传输高速数据,并能保证良好的数据完整性。SGE-NET 三/五类 25 对非屏蔽对绞电缆的产品特性及典型应用见表 3-4。

表 3-4　SGE-NET 三/五类 25 对非屏蔽对绞电缆的产品特性及典型应用

产品特性	典型应用
适应环境温度：－20～60℃	10BASE-T
导体使用 24 线规实心铜导体，2 芯一对，5 对一组	100BASE-T4
标准阻燃聚氯乙烯或低烟无卤线缆护套(PVC)	100BASE-TX
聚乙烯绝缘(PE)	100VG-AnyLAN
采用胶带绑组，围绕中心加强芯分布	155Mbt/s ATM
难燃程度：CMX，CM，MP，CMG，MPG，CMR，MPR	—
有轴成卷包装	—

同轴射频电缆又叫同轴电缆，同轴电缆一般是由轴心重合的铜芯线和金属屏蔽网，以及绝缘体、铝复合薄膜和护套 5 部分构成的。

为了规范电缆的生产与使用，我国对同轴电缆的型号实行了统一命名，通常由 4 部分组成，其中，第二、第三、第四部分均用数字表示，这些数字分别代表同轴电缆的特性阻抗（Q)、芯线绝缘的外径（Ⅱ un)和结构序号。有线电视同轴电缆的产品特性见表 3-5。

表 3-5　有线电视同轴电缆的产品特性

参数		普通-5	低损耗-7	普通-7
特性阻抗/Ω		75	75	75
电容/(pF/m)		56	56	56
衰减	10MB	0.4dB	—	—
	100MB	1.1dB	0.75dB	0.8dB
	900MB	4dB	2.6dB	2.7dB
全径/mm		5.1	7.25	7

卫星电视同轴电缆是为抛物面卫星天线和控制器/接收器间卫星电视之间互连而设计的，适用于多数系统，其有两种类型，单同轴电缆或由数根缆芯和一根同轴电缆组成的复合电缆。卫星电视同轴电缆产品特性见表 3-6。

表 3-6　卫星电视同轴电缆产品特性

参数		CT100	CT125	CT167
特性阻抗/Ω		75	75	75
电容/pF/m		56	56	56
衰减	100MB	6.1dB	4.9	3.7
	860MB	18.7dB	15.5dB	12dB
	1000MB	20dB	16.8dB	13.3dB
	3000MB	36.2dB	31dB	25.8dB
回波损耗（RLR）	10～450MB	20	20	20
	450～1000MB	18	18	18
	1000～1800MB	17	17	17
全径（mm）		6.65	7.25	7

音频电缆为镀锌铜双芯外裹聚烯烃绝缘层结构，每条线股分别采用黏结 BELFOIL 铝聚酯屏蔽罩的方式。音频电缆产品特性见表 3-7。

表 3-7　音频电缆产品特性

参数		阻抗/Ω	外径/mm	截面积/mm^2	电容/（pF/m）	备注
低温特柔型	1 芯	50	3.33	—	—	—
	2 芯	50	7.29	—	—	
对绞型	20（7×28）	—	4.6	0.5	—	—
	18（7×28）	—	5.9	0.8	—	
	16（19×29）	—	7.0	1.3	—	
单绞型	—	—	5.95	—	43	适用于移动数字音频设备间的互连，500m 的扩展传输

3.1.2 弱电线缆的选用

(1)视频信号传输线缆的选用。一般采用专用的SYV75欧姆系列同轴电缆;常用型号为SYV75-5(它对视频信号的无中继传输距离一般为300～500m);距离较远时,需采用SYV75-7、SYV75-9同轴电缆(在实际工程中,粗缆的无中继传输距离可达1km以上)。

(2)通信线缆的选用。一般采用2芯屏蔽通信电缆(RVVP)或3类双绞线(UTP),每芯截面积为0.3～0.5mm²。选择通信电缆的基本原则是距离越长,线径越大。RS-485通信规定的基本通信距离是1200m,但在实际工程中选用RVV2-1.5的护套线可以将通信长度扩展到2000m以上。

(3)控制电缆的选用。控制电缆的选用需要根据传输距离及工作环境来选择线径和是否需要屏蔽。

(4)声音监听线缆的选用。一般采用4芯屏蔽通信电缆(RVVP)或3类双绞线(UTP),每芯截面积为0.5mm²,监控系统中监听头的音频信号传到中控室采用的是点对点布线方式,用高压小电流传输,因此采用非屏蔽的2芯电缆即可,如RVV2-0.5。前端探测器至报警控制器之间一般采用RVV2×0.3(信号线)及RVV4×0.3(2芯信号+2芯电源)型号的线缆;报警控制器与终端安保中心之间一般采用的也是2芯信号线。

(5)楼宇对讲系统线缆的选用。

1)传输语音信号及报警信号的线缆主要采用RVV4-8～1.0的线缆。

2)视频传输主要采用SYV75-5的线缆。

3)有些系统因怕外界干扰或不能接地时,应选用RVVP类线缆。

4)直接按键式楼宇可视对讲系统的室内机视频、双向声音及遥控开锁等接线端子都以总线方式与门口机并接,各呼叫线则单独直接与门口机相连,应选用3类双绞线(UTP),芯线截面积为0.5mm²。

3.2 家居弱电综合布线系统及组成模块

智能家居弱电综合布线系统是继水、电、气之后,第四种必不可少的家居基础设施。家居弱电综合布线系统的处理对象是信息,即信息的传送和控制,其特点是电压低、电流小、功率小、频率高,主要考虑的是信息传送的效果问题,如信息传送的保真度、速度、广度、可靠性。

典型智能家居弱电综合布线系统如图3-1所示。

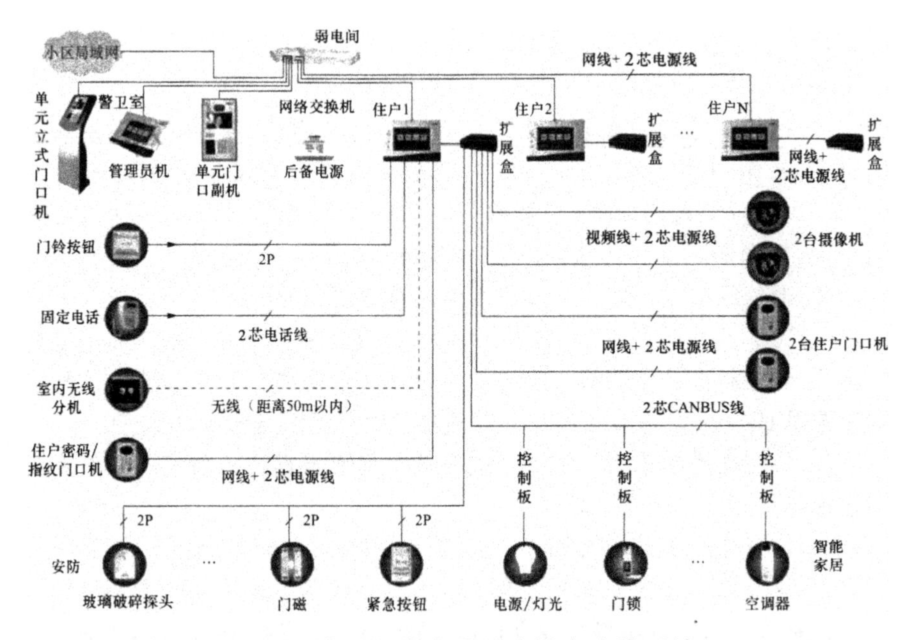

图 3-1　典型智能家居弱电综合布线系统

智能家居弱电综合布线系统是一个分布装置以及各种线缆、各个信息出口的集成，各部件采用模块化设计和分层星形拓扑结构，各个功能模块和线路相对独立，单个家电设备或线路出现故障，不会影响其他家电设备的使用。

家居弱电综合布线系统的分布装置：主要由监控模块、计算机模块、电话模块、电视模块、影音模块及扩展接口等组成；功能上主要有接入、分配、转接和维护管理。

智能家居弱电综合布线系统管理着各种信号输入和输出的连接，所有接口插座上的线路集中接入各个对应功能模块。

3.3　智能家居弱电布线操作技术

3.3.1　家居弱电布线

在进行布线前，首先应该了解居室环境及各房间的用途，然后根据电源配电箱、有线电视进线口和电话线、网线入户口的位置，确定信息接入箱及分线器的位置，一般信息接入箱不要轻易移动（如果已有信息入箱）。电话线及网络线的配线箱应选一个既隐蔽又方便操作的地方（不影响美观），考虑到要放路由器和交换机，所以应设计一个较大的配线箱。有线电视则在进线口设计一个能摆放两只分配器的盒子。

布线方式最典型的要数“星形拓扑”。“星形拓扑”布线方式即信息系统并联布线，并且电话线和网线分别采用 4 芯线和 8 芯线（五类线）。为了方便，电话线和网络线穿在同一根 PVC 电线管内（理论上电话线和网络线应分开布线，间距 10cm 以避免相互干扰），考虑到家居电话和网络同时使用的时间很短，不会造成大的干扰。

PVC 电视管敷设在地板下，信息插座安装在离地面 30cm 的墙壁上。在实际安装过程中，信息线应考虑留有余量，底盒一般留有 30cm，信息接入箱内留有 50cm。假设各种信息插座到信息接入箱的平均距离为 25m，简单计算即可得出材料清单。材料清单见表 3-8。

表 3-8　材料清单

安装材料名称	单位	数量	安装材料名称	单位	数量
超五类非屏蔽双绞线	m	—	超五类 RJ45 信息插座	个	—
75Ω 同轴电缆	m	—	75Ω 电视插座	个	—
视音频线	m	—	三孔视音频插座	—	—
电话线	m	—	电话插座	个	—
PVC 管	m	—	墙内插座安装盒等辅材	—	—

目前，数字电视可以实现交互式功能，这个过程是用户可告诉电视台想看什么节目，然后电视台播放用户所指定的节目。为实现双向通信，在数字电视中，下行用同轴电缆传送电视信号，上行用五类线传送交互式信号。

数字电视线设备及布线示意图如图 3-2 所示。有线电视布线应根据房间数量，直接用一个（一分三或一分四）分配器经分配后接入各房间。如果进户有两路线，应一路直接接客厅，这样客厅电视机的清晰度会更好；另一路经分配器接各房间。

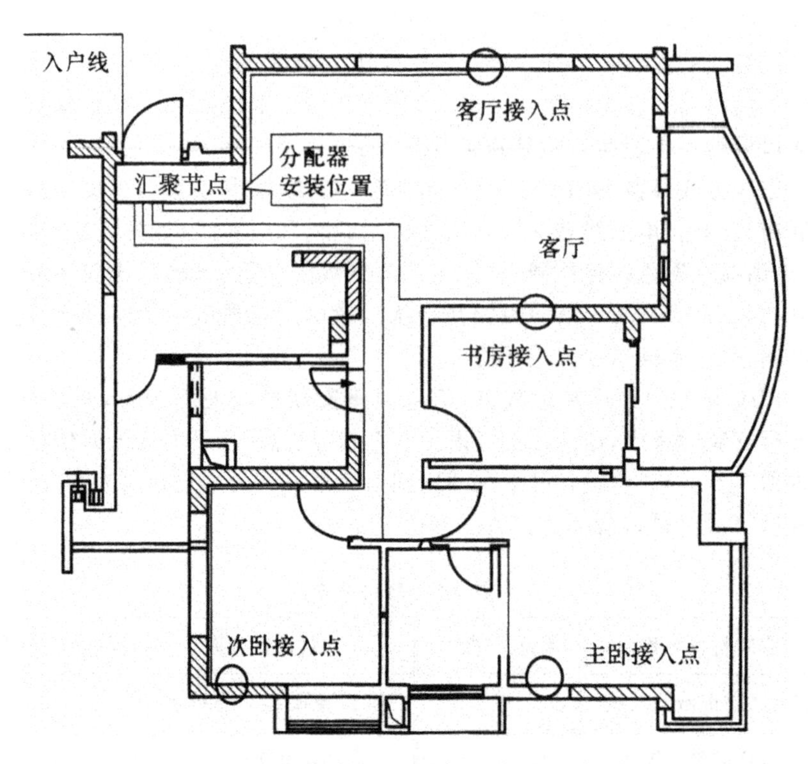

图 3-2　数字电视线设备及布线示意图

3.3.2　家居组网技术

以太网线布线可实现高达千兆的局域网，是家居组网首选传输介质。用户要完成多个房间的以太网布线，需要精心设计网络拓扑（包括网络架构、交换节点、汇聚节点等），并进行布线施工。

1. 家居网络

(1)局域网系统。如图 3-3 所示，在家居组建小型局域网络，只需申请一根上网宽带线路，让每个房间都能够利用计算机同时上网。另外，随着家电网络化的趋势，网络影音中心、网络冰箱、网络微波炉、网络视频监控会陆续出现，这些设备都可以在就近网络接口接入网络。

要建的局域网是一个星形拓扑结构，任何一个节点或连接电缆发生故障，只会影响一个节点，在信息接入箱安装起总控作用的 RJ45 配线面板模块，所以网络插座来的线路接入配线面板的后面。别外，信息接入箱中还应装有小型网络交换机，通过 RJ45 跳线接到配线面板的正面接口。

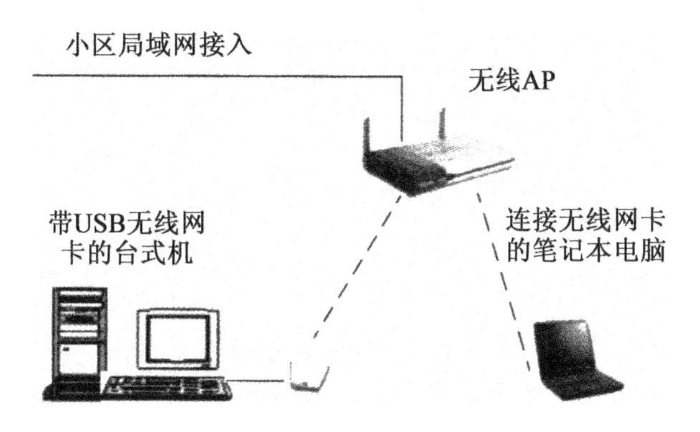

图 3-3　家居组建小型局域网示意图

(2)有线电视系统。如图 3-4 所示，家居的有线电视系统应使用专用双向、高屏蔽、高隔离 1000MHz 同轴电缆和面板、分配器、放大器(多于 4 个分支时需要)。分配器应选用标有 5～1000MHz 技术指标的优质器件。电缆应选用对外界干扰信号屏蔽性能好的 75-5 型、四屏蔽物理发泡同轴电缆，保证每个房间的信号电平；有线电视图像清晰、无网络干扰。有线电视室内布线的结构形式主要有串联式分配结构(见图 3-5)和并联式分配结构(见图 3-6)两种。

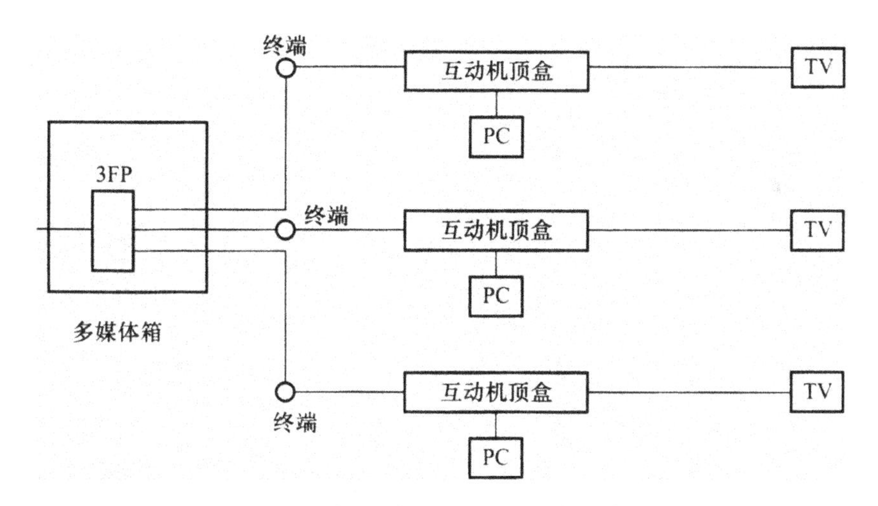

图 3-4　家居的有线电视系统示意图

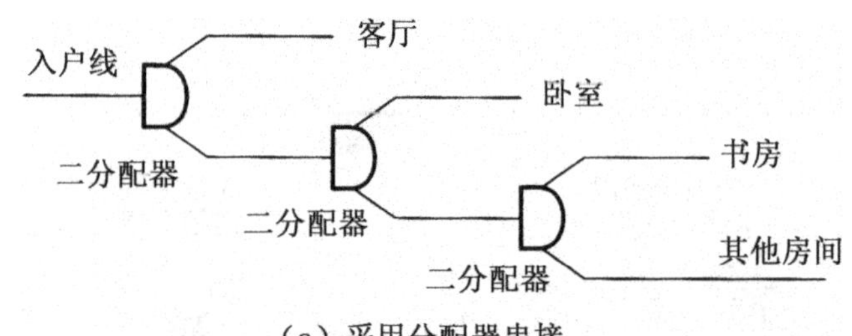

（a）采用分配器串接

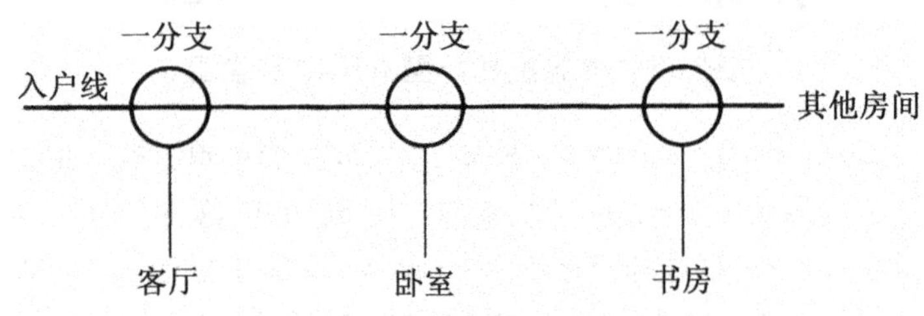

（b）采用分支器串接

图 3-5　串联式分配结构

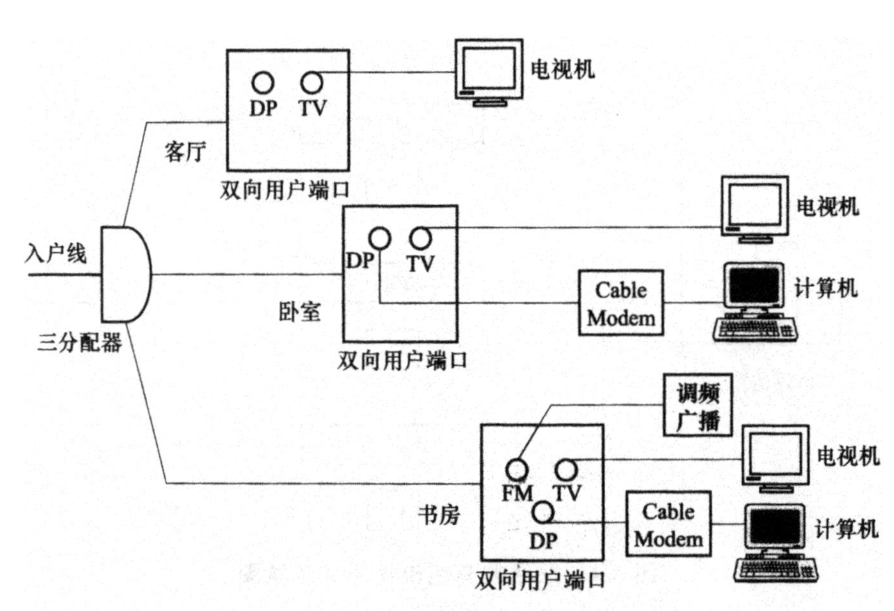

（a）用分配器输出的并联式分配结构

图 3-6　并联式分配结构

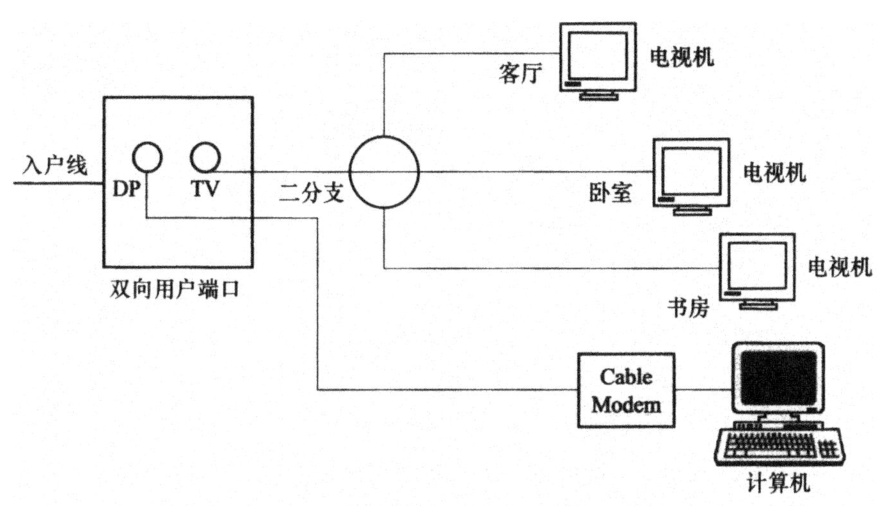

（b）用分支器输出的并联式分配结构

图 3-6　（续）

基本型交互式高清有线数字机顶盒怎样与电缆调制解调器连接？

1)计算机与基本型交互式高清有线数字机顶盒位于同一区域(见图 3-7)。

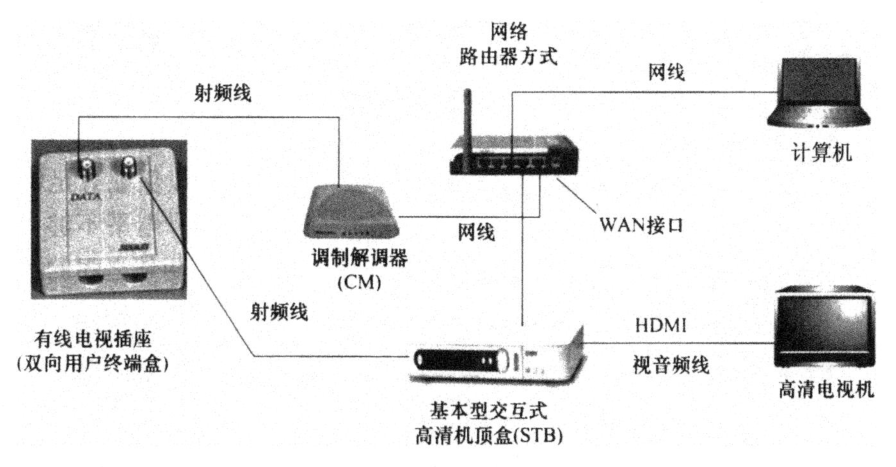

图 3-7　基本型交互式有线高清数字机顶盒与电缆调制解调器的连接方式一

2)计算机与基本型交互式有线高清数字机顶盒位于不同区域，计算机处无有线电视信号接入(见图 3-8)。

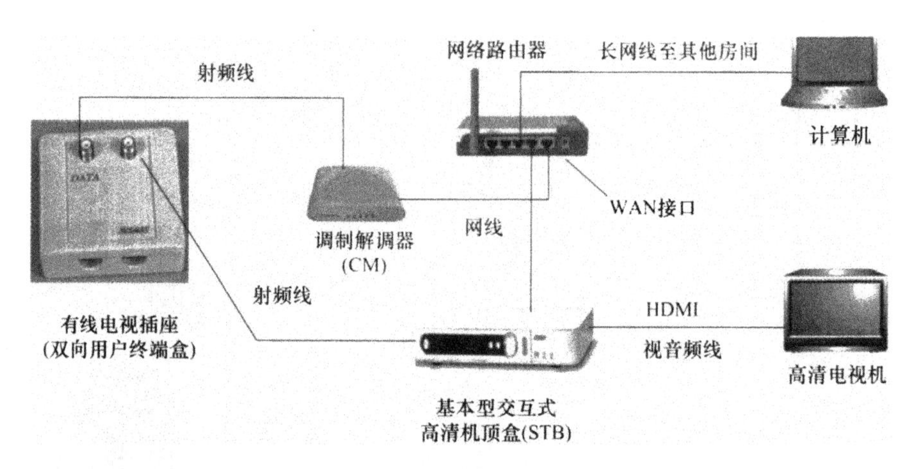

图 3-8　基本型交互式有线高清数字机顶盒与电缆调制解调器的连接方式二

3)计算机与基本型交互式有线高清数字机顶盒位于不同区域,但计算机处有有线电视信号接入(见图 3-9)。

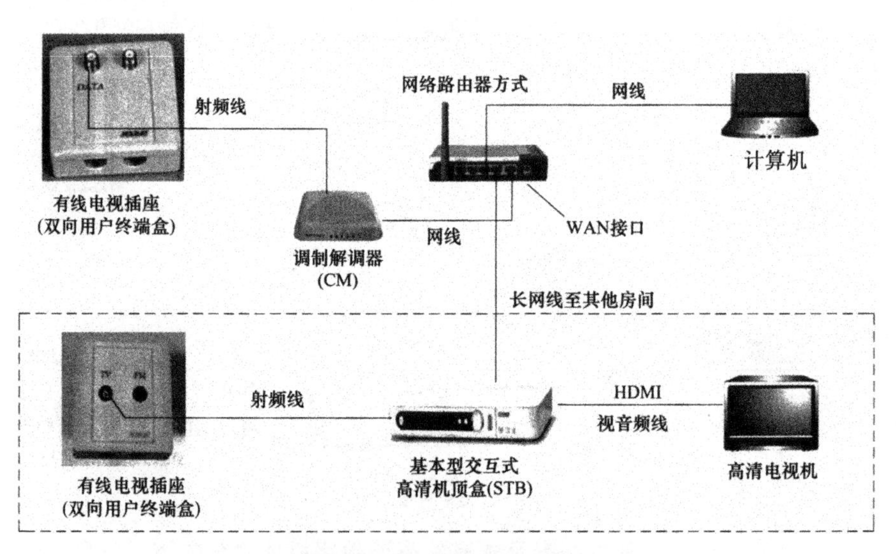

图 3-9　基本型交互式有线高清数字机顶盒与电缆调制解调器的连接方式三

(3)电话系统。如图 3-10 所示,家里安装小型电话程控交换机后,只需申请一根外线电话线路,让每个房间都能拥有电话。而且既能内部通话,又能拨接外线,外电进来时巡回振铃,直到有人接听。如果不是你的电话,你可以在电话机上按房间号码，转到另外一个房间。

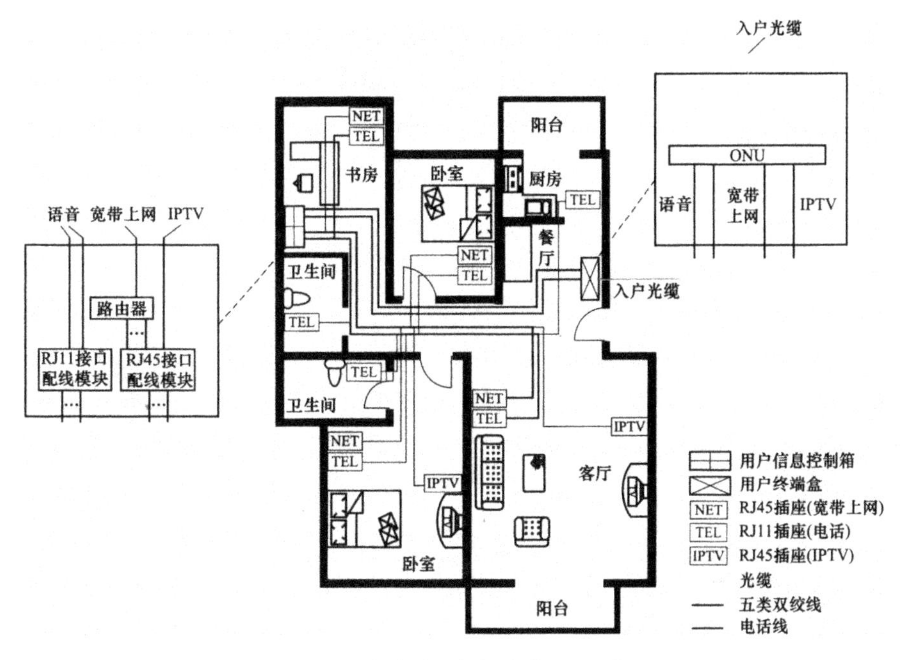

图 3-10　室内电话线的敷设示意图

(4)家居影院系统。组建家居影院系统应是众多家居的选择。家居影院是指在家中能够享受到与电影院相同或相近的清晰而绚丽多彩的图像，充满动感和如在现场的声音效果。家居影院器材分为视频与音频两大部分，视频部分是整套系统中非常重要的一环，通常由大屏幕彩电或投影机担任。

家居影院中音箱由五只、六只、七只等各加一个重音箱构成。前方左右两边的主音箱和中置音箱可以不用布线，而后方的环绕音箱等就应布线。家居影院系统布线主要包括投影机的视频线（如 VGA、色差线、DVI、HDMI）和音箱线。既然是顶级的家居影院系统，这些线缆是没有接续的，也就是一条线走到底，接头和线都是定做的，因此与其他布线系统独立，一般只在客厅或书房中布线。在设计时要精确计算走线的长度以便定制合适长度的线缆。

家庭影院室内布线示意图如图 3-11 所示。

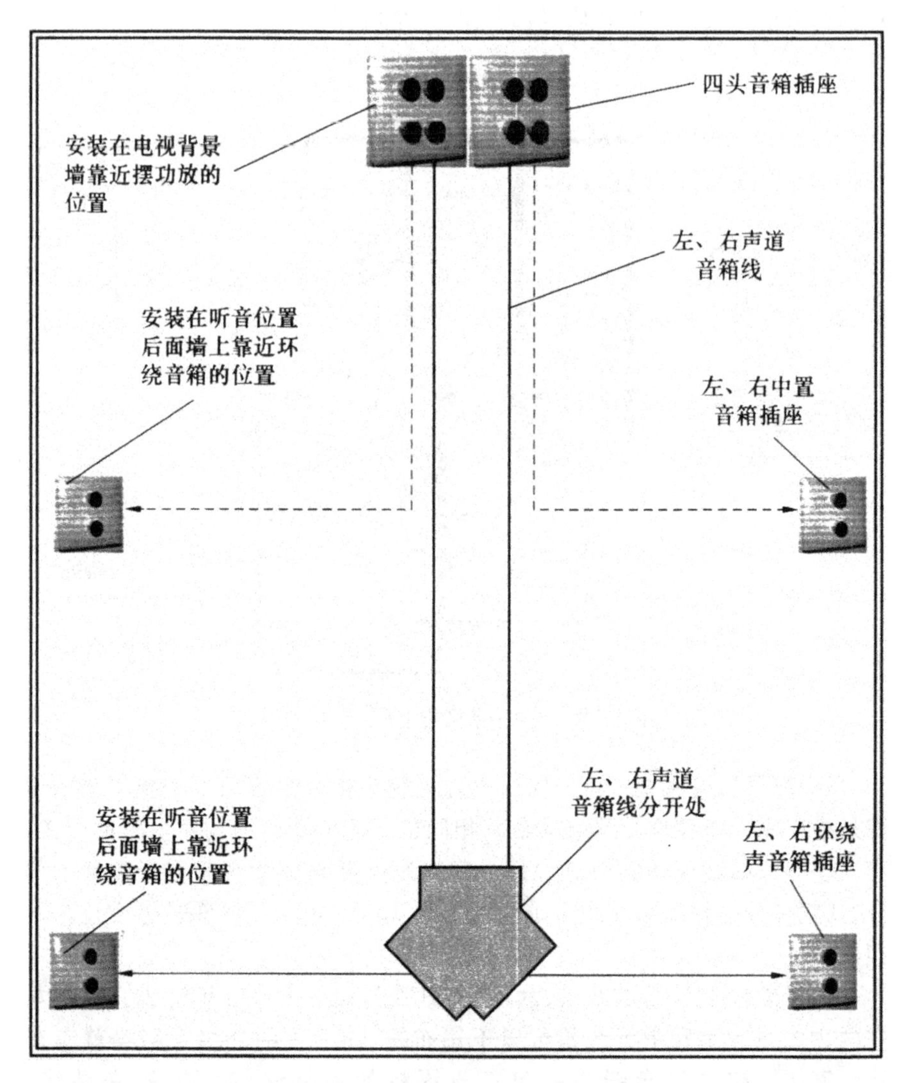

图 3-11　家庭影院室内布线示意图

图 3-12 所示为典型家居影院系统示意图。

(5)AV 系统。AV 是影音的集合体,因信号的输出包括一路视频、一路左声道、一路右声道。一般 AV 设备放置在客厅里,若需要在各房间里都能欣赏 AV 影音设备播放的影音就必须通过家居综合布线将上述三种线路接到各房间。家居 AV 系统包括 DVD AV 系统、卫星接收机 AV 系统、数字电视 AV 系统。通过 AV 信号传输系统,可以在其他房间看影碟、看卫星电视节目、看数字电视节目,无须重复添置多台 DVD、卫星接收机、数字电视机顶盒等设备。

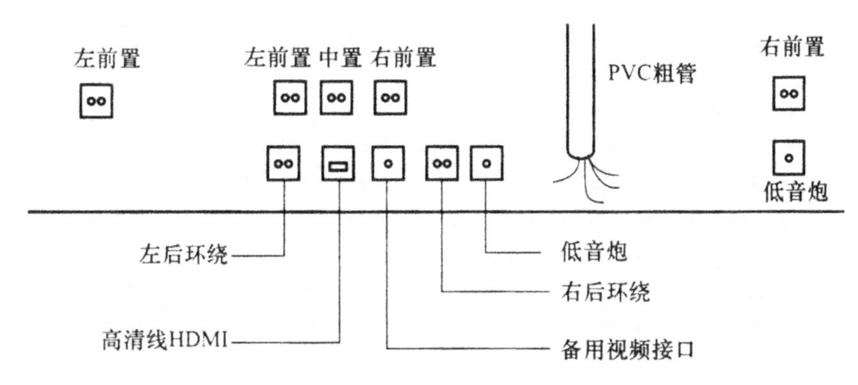

图 3-12　家居影院系统示意图

2. 组网选择

Wi-Fi 适用于在家居内部组建无线网络，是各种智能终端的主要联网方式。在理想情况下，Wi-Fi 能提供数百兆无线带宽，使得无线承载多媒体应用尤其是视频媒体成为可能。但在用户家中的无线覆盖效果通常有所差异，在部分用户家中，由于障碍物阻挡(如家具、墙体)以及通信距离较远，无线信号的覆盖范围和强度会大大下降，影响了组网效果。我国有 2.4GHz 和 5.8GHz 两种频段规格的 Wi-Fi 产品，前者主要用于无线上网，后者更适合进行无线视频传输。

同轴电缆在国内主要用于有线电视广播的传输，通过调制解调也可以用来传输数据业务。但所能使用的数据传输频段划归广电运营商所有。

电力线传输数据，电力插座遍布于家居各个房间，接入点选择比较灵活，因此基于电力线完成组网是电信业务家居部署的有效手段。

用户可综合运用以太网线、Wi-Fi、电力线等家居组网技术手段并结合成本因素，合理选择配套终端。推荐的组网原则为：以太网为首选，Wi-Fi 提供移动性能，电力线通信实现穿墙覆盖。推荐的组网产品包括位置 AP、AP 外置型网关、电力线通信产品等。

3. 光纤到信息接入箱

用户使用 Wi-Fi 无线上网业务，家居内的线缆汇聚点(如大尺寸家居信息接入箱)能满足 PON 上行 e8-C 设备的放置，但信息接入箱对外部的无线覆盖效果不能满足用户无线上网需求。推荐的组网方案是以 AP 外置型网关＋位置 AP 产品组合，可提供家居内无线上网覆盖。在用户住宅内选择无线 AP

覆盖效果能满足用户业务使用的位置，从该位置敷设 1 条五类线至线缆汇聚点（家居网关的放置点），并提供电源插座（为无线 AP 设备供电）。

4. 光纤到客厅

用户有 2 路 IPTV，分别在客厅和卧室使用，但客厅电视墙和卧室的电视机附近没有以太网端口资源，除非敷设较长的明线，否则无法使用 IPTV 业务。推荐的组网方案是以 5.8GAP-APClient 产品组合或者使用电力猫实现 IPTV 业务部署。

5. 5.8GAP-APClient 产品组合

承载 IPTV，选择适合 5.8GAP 放置的位置，敷设 1 条五类线至线缆汇聚点（网关的放置点），并提供电源插座（为无线 AP 设备供电），机顶盒通过五类线连接 5.8GAPClient（无线客户端）。

3.3.3 家居弱电综合布线(管)施工

1. 弱电布线施工材料要求

(1)线缆。

1)电源线：根据国家标准，单个电器支线、开关线用标准 1.5mm^2 的线缆，主线用标准 2.5mm^2 的线缆。

2)背景音乐线：标准 2×0.3mm^2 的线缆。

3)环绕音响线：标准 100～300 芯无氧铜线缆。

4)视频线：标准 AV 影音共享线。

5)网络线：超五类 UTP 双绞线。

6)有线电视线：宽带同轴电缆。

(2)塑料电线保护管及接线盒、各类信息面板必须是阻燃型产品，外观不应有破损及变形。电线保护管及接线盒外观不应有折扁和裂缝，管内应无毛刺，管口应平整。

(3)通信系统使用的终端盒、接线盒与配电系统的开关、插座，选用与各设备相匹配的产品。

2. 接插件的检验要求

(1)接线排和信息插座及其他接插件的塑料材质应具有阻燃性。

(2)安保接线排的安保单元过电压、过电流保护各项指标应符合有关规定。

(3)光纤插座的连接器使用型号和数量、位置与设计相符。

(4)光纤插座面板应有发射(TX)和接收(RX)明显标志。双绞线缆与干扰源最小的距离见表 3-9。

表 3-9　双绞线缆与干扰源最小的距离

干扰源类别	线缆与干扰源接近的情况	间距/mm
小于 2kVA 的 380V 电力线缆	与电缆平行敷设	130
	其中一方安装在已接地的金属线槽或管道	70
	双方均安装在已接地的金属线槽或管道	10
2～5kVA 的 380V 电力线缆	与电缆平行敷设	300
	其中一方安装在已接地的金属线槽或管道	150
	双方均安装在已接地的金属线槽或管道	80
大于 5kVA 的 380V 电力线缆	与电缆平行敷设	600
	其中一方安装在已接地的金属线槽或管道	300
	双方均安装在已接地的金属线槽或管道	150
荧光灯等带电感设备	接近电缆线	150～300
配电箱	接近配电箱	1000
电梯、变压器	远离布设	2000

3. 室内弱电施工要求

家居布线中需要注意弱电线与强电线的布线距离、方向、位置关系应参考有关的国家标准,网线应尽量使用 PVC 电线管保护,并且在拐角处使用圆角双通以便于线路抽换。

(1)严格按图样或与业主交流确定的草图施工,在保证系统功能质量的前提下,提高工艺标准要求,确保施工质量。

(2)按图样或与业主交流确定的布线路径(草图)施工及信息插座的位置准确、无遗漏。

(3)电线管路两端接设备处导线应根据实际情况留有足够的冗余,导线两端应按照图样提供的线号用标签进行标识,根据线色来进行端子接线,并应在图样上进行标识,作为施工资料进行存档。

(4)设备安装牢固、美观,墙装设备应端正一致。

4. 施工顺序

(1)确定点位。

1)熟读弱电布线施工图,若没有弱电布线施工图,应与业主交流确定布线方案。

2)点位确定的依据。根据弱电布线施工图或与业主交流确定布线方案,结合点位示意图,用铅笔、直尺或墨斗在墙上将各点位处的暗盒位置标注出来。

3)暗盒高度的确定。除特殊要求外,暗盒的高度与原强电插座一致,背景音乐调音开关的高度应与强电开关的高度一致。若有多个暗盒在一起,暗盒之间的距离至少为 10mm。

4)确定各点位用线长度。测量信息箱到各信息插座的长度;加上信息插座及信息接入箱处的冗余线长度,信息接入箱处的线缆冗余长度为信息接入箱周长的一半,各点信息插座处线缆冗余长度为 200～300mm。

5)确定标签。将各类线缆按一定长度剪断后在线的两端分别贴上标签,并注明弱电种类,一房间一序号。

6)确定管内线数。电线管内线缆的横截面积不得超过电线管横截面积的 40%。

因为不同的房间环境要求不同的信息插座与其配合。在施工设计时,应尽可能考虑用户对室内布局的要求,同时要考虑从信息插座连接设备(如计算机、电话机等)应方便和安全。

墙上安装信息插座一般考虑嵌入式安装,在国内采用标准的 86 型底盒。该墙盒为正方形,规格为 80mm×80mm,螺孔间距为 60mm。信息插座与电源插座的间距应大于 20cm。桌上型插座应考虑和家具、办公桌协调,同时应考虑安装位置的安全性。

(2)开槽。

1)确定开槽路线。遵循路线最短、不破坏防水原则。

2)确定开槽宽度。根据信号线数量确定 PVC 电线管的管径,进而确定槽的宽度。

3)确定开槽深度。若选用 ϕ16mm 的 PVC 电线管,则开槽深度为 20mm;若选用 ϕ20mm 的 PVC 电线管,则开槽深度为 25mm。

4)开槽外观要求:横平竖直,宽窄均匀,90°转弯处应为圆弧形,不能为直角。

(3)底盒安装及布管。底盒安装时,开口面必须与墙面平行,要方正,在贴砖处也不宜凸出墙面。底盒安装好以后,必须用钉子或水泥砂浆将其固定在墙内。在贴瓷砖的地方，应尽量装在瓷砖正中，不得装在腰线和花砖上，一个底盒不能装在两块、四块瓷砖上。并列安装的底盒与底盒之间，应留有缝隙，一般情况为4～5mm。底盒必须平面垂直，同一室内底盒安装在同一水平线上。为使底盒的位置正确，应该先固定底盒再布管。

电线管内若布放的是多层屏蔽电缆、扁平电缆和大对数主干光缆时，直线段电线管的管径利用率为50%～60%，转弯处管径利用率为40%～50%。布放4对对绞线缆或4芯以下光缆时，电线管的截面利用率为25%～30%。

电线管弯曲半径要求如下：

1)穿非屏蔽4对对绞线电缆的电线管弯曲半径应至少为电线管外径的4倍。

2)穿屏蔽4对对绞线电缆的电线管弯曲半径应至少为电线管外径的6～10倍。

3)穿主干对绞电缆的电线管弯曲半径应至少为电线管外径的10倍。

4)穿光缆的电线管弯曲半径应至少为电线管外径的15倍。

(4)封槽。

1)固定底盒。底盒与墙面要求齐平，几个底盒在一起时要求在同一水平线上。

2)固定PVC电线管。PVC电线管应每间隔1m必须固定，并在距PVC电线管端部0.1m处必须固定。电线管由底盒、信息箱的敲落孔引入(一管一孔)，并用锁扣锁紧。

3)封槽。封槽后的墙面、地面不得高于所在平面。

3.4 智能家居弱电布线系统解决方案

布线是家居网络建设中的重要环节，与家居网络的使用密切相关。布线的特点是一旦完成，就很难再修改。因此，用户在设计时就应该考虑到今后一段时间的需要。由于产品、技术、成本等原因，一步跨入智能化还为时尚早，但随着智能家居产品的不断成熟，普及将是很快的事情。在设计智能家居布线时，应为这一目标做好准备，也就是要充分考虑现在和将来的需要，预先科学合理地规划设计家居布线，是避免一段时间后再开墙布线或明布线的有效手段。如图3-13所示为典型普通家居综合布线系统。

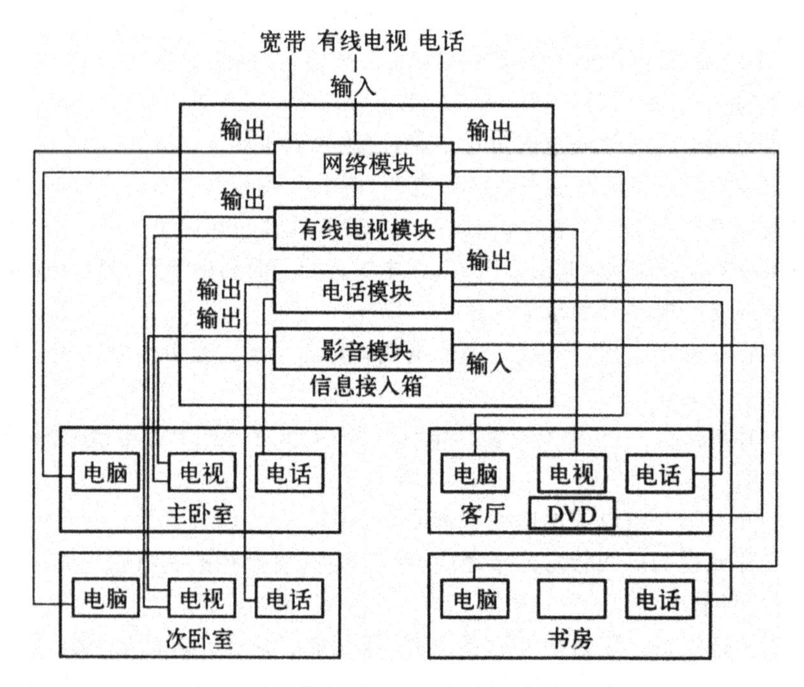

图 3-13 典型普通家居综合布线系统

3.4.1 普通住宅布线方案

作为小户型的住宅，智能家居的融入将给家居提供时尚的生活享受，使生活变得更加精彩，在规划布线系统时应充分考虑预留，可方便以后添加语音、数据、电视、家庭多媒体等各类智能产品。多数家居电脑网络所需的终端和网络设备并不多，加之网络结构简单，可能忽略电脑网络布线。对选用无线网络的可不考虑网络布线，出于经济性、兼容性和传输速度多方面因素的考虑，有线网络还是比较灵活、安全的。

1. 有线方案

有线方案主要针对未装修的家居。有线方案普通住宅房间内各类信息点的布置如图 3-14 所示，以满足安置固定电话、音视频及家居网络共享的需要，并能通过网络和电话控制家中电器，实现 IPTV 机顶盒、HTPC 等的使用，为将来各种网络家电考虑了充分预留，未来可有选择地支持各种智能家电，如网络冰箱、网络微波炉、网络洗衣机、网络淋浴房，可以在家中任意地方控制家里关键部位的电器、灯光等设备，可以在将来实现家中电器的统一管理。

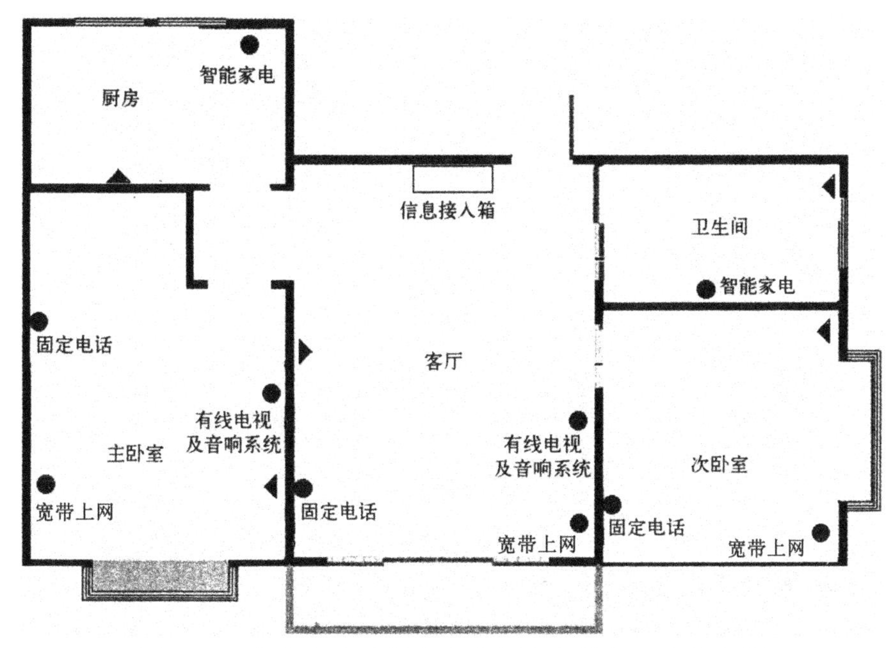

图 3-14　有线方案普通住宅房间内各类信息点的布置

●:建议信息点,仅是家居实现智能化所必须的信息点。并选择匹配的线缆布放至信息箱

▲:参考信息点,可根据家居具体情况增加的信息点,并选择匹配的线缆布放至信息箱

2. 无线方案

无线方案主要针对已装修的家居,由于房间面积不大,隔墙不多,将无线终端放置在配线箱位置可覆盖整个房间,家居上网终端可使用无线网卡(USB/PCI/PCM-CIA)。无线方案普通住宅房间内各类信息点的布置如图 3-15 所示。

3.4.2　中档住宅布线方案

作为一套主流户型的住宅,智能家居的融入和应用可在一定程度上为主人提供方便时尚的生活享受,让家更加温馨和舒适。中档住宅的布线系统应该有选择地应用智能家居产品,并充分考虑预留,以方便根据需要添加语音、数据、电视、家居、多媒体、保安等类智能产品。

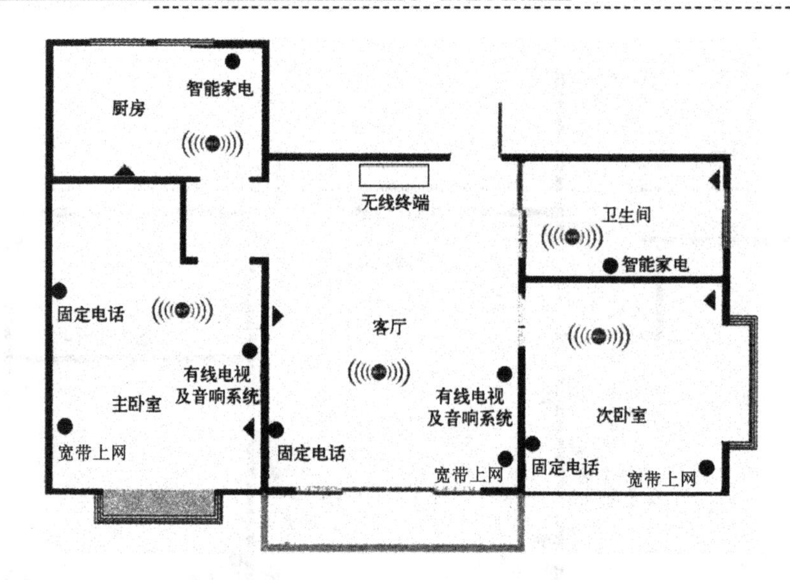

图 3-15 无线方案普通住宅房间内各类信息点的布置

●:建议信息点,仅是家居实现智能化所必须的信息点

▲:参考信息点,可根据家居具体情况增加的信息点

1. 有线方案

有线方案主要针对未装修的家居。有线方案中档住宅房间内各类信息点布置如图 3-16 所示,可满足安置固定电话机、音视频及家居网络共享的需要,并能通过网络和电话控制家中电器。实现 IPTV 机顶盒、HTPC 等的使用,为将来各种网络家电考虑了充分预留,在前后阳台预留网络接口也可方便将来实现无线接入。

房间内吊灯和客厅背景灯配置智能开关,通过智能开关同时控制各种灯的调光,可以任意调节亮度,具有智能记忆功能,为电视、空调、饮水机、主卫的热水器等电器配置智能插座,配置两台遥控器和一台无线接收器,以实现利用遥控器管理灯光和各种电器。

为每个房间的窗户配置一个幕帘式红外探测器,为入户门配备门磁,在厨房配置烟雾报警器,并将其连接至放置在配线箱位置的家居安防主机,如果出现意外情况,则家居安防主机将会向指定电话发出告警信息。

2. 无线方案

无线方案主要针对已装修的家居,由于房间面积不大,隔墙不多,将无线终端放置在配线箱位置可覆盖整个房间。家居上网终端使用无线网卡(USB/PCI/PCMCIA)。无线方案中档住宅房间内各类信息点布置如图 3-17 所示。

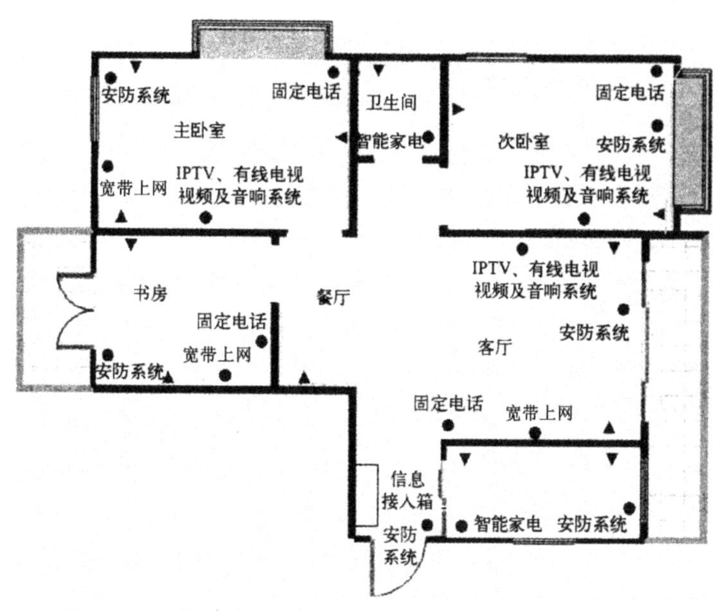

图 3-16　有线方案中档住宅房间内各类信息点布置

●:建议信息点,仅是家居实现智能化所必须的信息点。并选择匹配的线缆布放至信息箱

▲:参考信息点,可根据家居具体情况增加的信息点,并选择匹配的线缆布放至信息箱

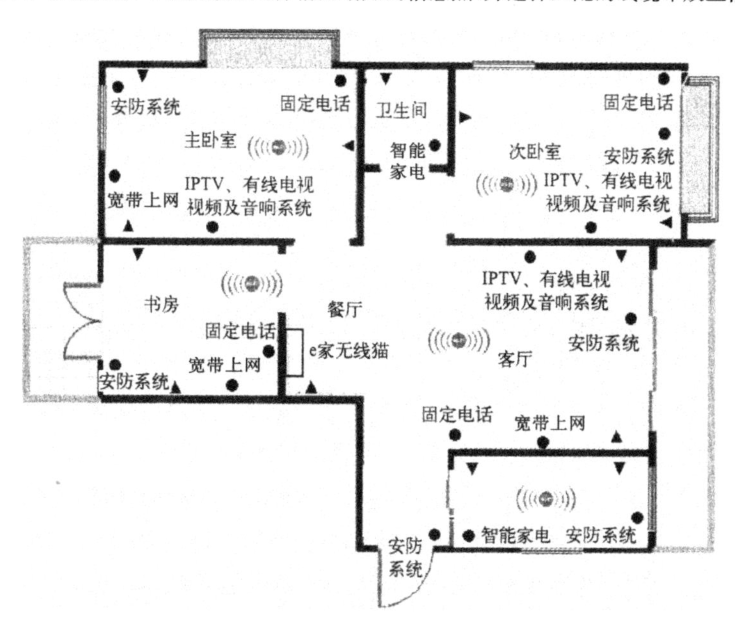

图 3-17　无线方案中档住宅房间内各类信息点布置

●:建议信息点,仅是家居实现智能化所必须的信息点

▲:参考信息点,可根据家居具体情况增加的信息点

3.4.3 别墅型布线方案

高标准的智能家居产品在高档别墅中应用可为主人提供极大的便利和生活享受。别墅型布线方案支持语音、数据、电视、家居、多媒体、家居自动系统、环境管理、保安、对讲等服务。

1. 有线方案

有线方案主要针对未装修的家居，别墅采用有线方案可实现在别墅的各个房间都能方便地拨打电话、上网冲浪，并通过 IPTV、有线电视等方式收看电视节目，故在房间的每一个角落均可方便地享受网络生活。通过别墅专用可视对讲系统，无须下楼就可以看到谁来拜访；无须出去开门，只须按一下键盘，门锁就会自动打开，每层都有可视分机。

当有不法之徒进入别墅、燃气泄漏、发生火灾等险情出现时，安防警卫便可触发各种场景(如全屋灯亮或者警笛报警)，并通过发送短信、拨打固定电话、手机等方式自动传送到主人或者小区物业，可在任意地方控制家里的电器、灯光等设备，通过按一个键就能打开一组灯光，能自动控制窗帘。

有线方案的别墅一、二层房间内各类信息点布置如图 3-18 所示。该方案可满足安置固定电话、音视频及家居网络共享的需要。若需要将书桌放置在房间中央，则可考虑使用地插，并能通过网络和电话控制家中电器。所有房间均可实现 IPTV 机顶盒、HTPC 等的使用，并为将来各种网络家电考虑了充分预留。在临近露台的地方预留网络接口，也可方便将来实现无线接入。在一楼集线箱处、二楼的走廊安装无线 AP，确保屋内和露台无线信号覆盖。

房间内所有灯具都配置有智能开关，通过智能开关可同时控制各种灯的开关、任意调节亮度，并具有智能记忆功能，为电视、空调、主卫的热水器等电器配置智能插座，为每层楼配置一台无线接收器，通过遥控器管理家居的灯光和各种电器，如可以随意控制孩子房间的电视，保证他们充足的休息时间。在信息箱所在位置安装家居服务器，通过网络或电话实现远程控制，所有房屋配置双轨自动遥控窗帘。

在别墅的四个边界装设红外双光束对射探测头 4 对，房间内每个窗户各配置一个幕帘式红外探测器。楼道、客厅配置空间式红外探测器，在厨房配置烟雾报警器，并装置一套双分机对讲系统＋电控锁。

2. 无线方案

无线方案主要针对已装修的家居。因别墅空间较大，如果需要完全覆盖,则应在配线箱处及楼梯的隐蔽位置安装 AP(如网络模块、语音模块等),以实现整个空间的无线网络覆盖。家居上网终端需要配置使用无线网卡(USB/PCI/PCMCIA)。无线方案的别墅一、二层房间内各类信息点布置如图 3-19 所示。

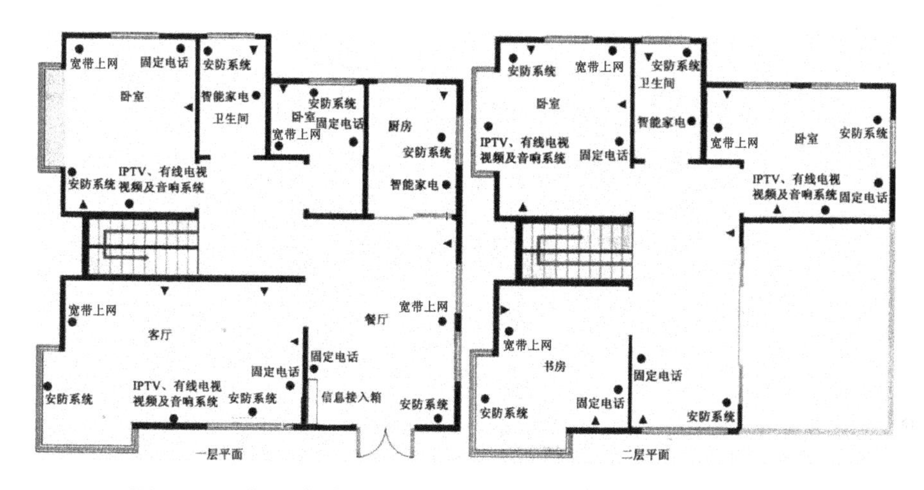

图 3-18　有线方案的别墅一、二层房间内各类信息点布置

●:建议信息点,仅是家居实现智能化所必须的信息点。并选择匹配的线缆布放至信息箱

▲:参考信息点,可根据家居具体情况增加的信息点,并选择匹配的线缆布放至信息箱

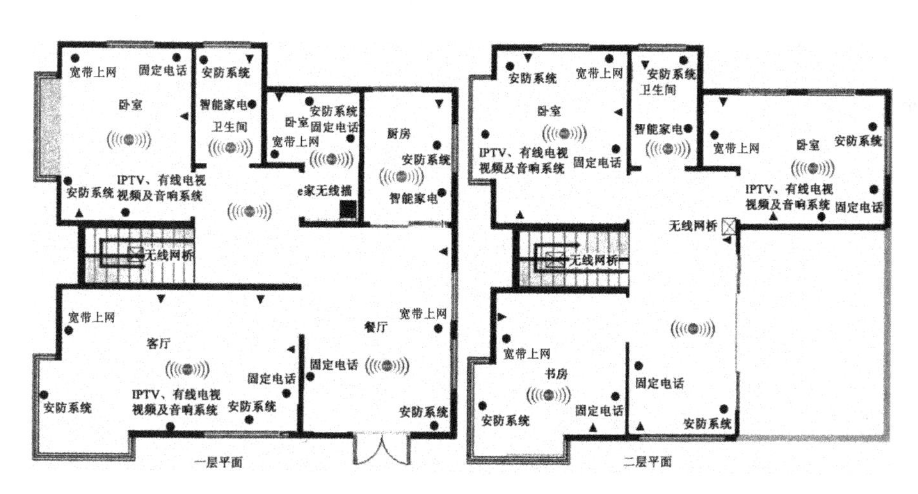

图 3-19　无线方案的别墅一、二层房间内各类信息点布置

●:建议信息点,仅是家居实现智能化所必须的信息点

▲:参考信息点,可根据家居具体情况增加的信息点

无线方案配置的设备如图 3-20 所示。对于一些无法安装无线网卡的上网终端，如 IPTV 机顶盒，可以通过无线网桥解决，如图 3-21 所示。现今，电器控制可以利用现有的供电电缆，需要统一管理电器时，可以方便地对其进行更换，如图 3-22 所示。安防系统也可通过无线方式管理，日后需要时可以直接购买无线产品。

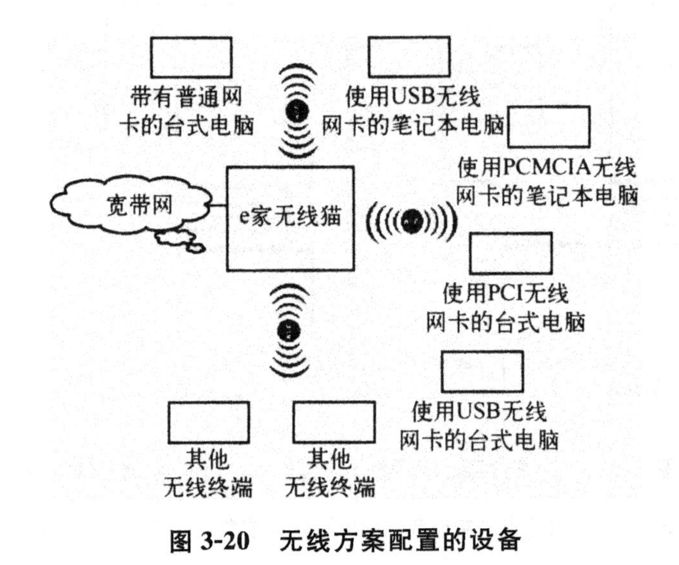

图 3-20　无线方案配置的设备

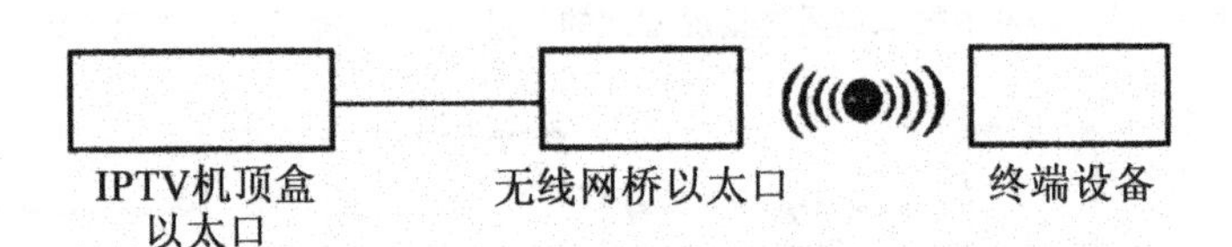

图 3-21　无线网桥解决方案

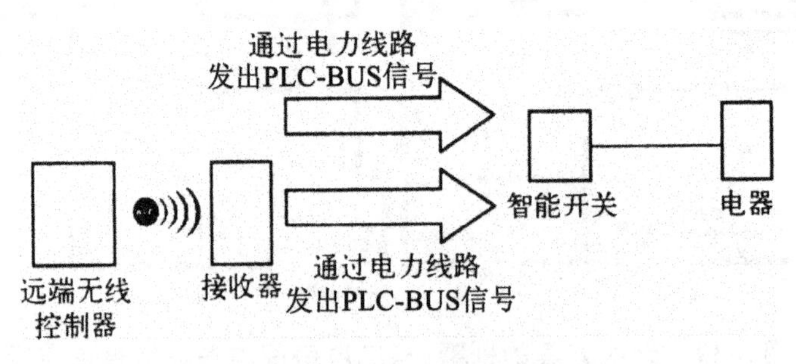

图 3-22　电器控制示意图

第4章　智能家居通信与组网技术

智能家居的通信技术负责智能家居间的通信与交互，也就是把智能家居的各类硬件通过网络连接起来，形成一个联通的网络系统。通过这个网络，可以实现智能家居系统中各类信息的传输，进而根据智能家居的应用要求，实现对智能家居的控制。智能家居涉及的各类通信及组网技术主要分为有线和无线两种方式。这两类技术各有优缺点，可以互相补充。目前无线通信及组网协议种类较多，且由于智能家居的标准未定，各类新的协议也在不断出现，各种协议并存使用的现象预计会长期存在。本章主要介绍智能家居的通信与组网技术，包括有线通信技术、无线通信技术和互联网接入与远程控制技术。

4.1　通信技术概述

通信技术是实现万物互联的技术手段。通俗地讲，通信技术是指将信息从一个地点传送到另一个地点所采用的方法与措施。在智能家居中，主流的通信技术可以分为有线和无线两种方式，二者各有优点和缺点。在早期的智能家居中，多数智能家居的产品以有线连接方式为主，主要通过总线控制等协议对所连接的设备进行访问及控制。智能家居的有线方式具有抗干扰能力强、传输距离远、不占用外部空间、价格低廉等特点。但由于线需要预先埋设在墙里，因此具有施工周期长，不容易变动设备位置，不容易维护、维修等缺点。

随着无线通信技术的成熟与发展，现在的智能家居采用无线的方式居多。采用无线方式具有组装调试方便、移动灵活、不需要复杂的网络布线等优点。此外，有些无线技术还可以实现多个无线设备的自动组网，组网设备扩展性强，具有低功耗、低成本、维修服务方便和绿色环保等优点。不过无线通信也具有通信距离短、容易受到共用信道中其他通信设备的干扰等缺点，这些都需要随着无线通信技术的不断发展来解决。

4.1.1 有线通信技术概述

早期智能家居的有线通信技术并非独立发展的，大多是从工业控制转变而来，在智能家居中进行新的应用。采用有线通信的控制方式有许多优点，比如安全稳定、通信和控制受环境的干扰小、数据传输速率较快等。但同时它也有许多缺点，比如方案整体设计要求高，线路敷设工程费用高、周期长，智能家居控制系统一旦建立，后期拓展和改动比较困难，灵活性差。总体而言，有线通信的方式在智能家居发展初期使用较多，但未来的发展趋势是无线网络逐渐增多，有线通信技术和无线通信技术以互补的方式并存于智能家居系统中。

尽管有线通信的方式和种类很多，但大致可以分为现场总线控制系统FCS(Fieldbus Control System)和电力载波通信技术 PLC(Power Line Communication)。现场总线控制系统在智能家居中可以构建一个开放的网络系统，具有可互操作性的网络将现场各控制器及家电设备互联起来。它是一种全分布式智能控制网络技术，连接到网络上的设备具有双向通信能力以及互操作性和互换性，并且控制部件可以编程。这种方式将控制功能放到了现场，从而降低了安装成本和维护费用。所以说，现场总线控制系统实质上是一种开放的、具有可互操作性的、分散的分布式控制系统，在智能家居领域占有一席之地。在智能家居领域常用的现场总线控制方式主要有 RS-485、LonWorks、KNX、CAN、ModBus、CEBus、C-Bus 和 SCS-BUS 等。

智能家居电力载波技术是利用配电网中的电力线作为传输的载体，实现数据传递和信息交换的一种技术。由于在智能家居环境中，智能家电需要输电线路进行供电，因此使用该技术可以利用已经敷设的供电线路，利用家庭现有电力线进行高速数据传输的通信。该方式具有无辐射、无须重新布线、节能环保、简单易用等特点。其对于家电的改造也非常简单，在原有家电中嵌入电力线载波通信模块，就可以实现联网通信。目前，已经研发了大量基于电力线载波通信技术的电容触摸开关、调光控制器、载波适配器、智能漏电断路器、人体红外感应器、电源控制模块、单项智能网关等终端产品以及包括联网和控制在内的整套智能家居解决方案。其中，X-10、PLC-BUS 是专门针对智能家居行业开发的电力载波通信技术。表 4-1 列出了一些典型的智能家居通信技术的基本情况。

表 4-1　智能家居通信技术参数比较

典型技术	X-10、PLC、OFDM	Wi-Fi、蓝牙、ZigBee	CEBus、LonWorks、ELB
是否需要重新布线	不需要	不需要	需要
典型配置价格	1 万元以内	1 万元以内	4 万～10 万元
是否为国际标准协议	是	不是	不是
安装周期	几个小时	几个小时	几天到一个月不等
设备方便性	方便	方便	需专业人员配置
兼容性	比较好	易受无线信号干扰	比较好
是否可按需选配	随意选配	随意选配	可选配空间较小
是否便于升级	即插即升级	比较容易	很难
是否健康	是	轻微辐射	是
是否适合大众消费	是	是	不是
可实现功能强弱	较强	较弱	较强

4.1.2　无线通信技术概述

智能家居中的无线通信技术主要包括无线电通信、红外通信和光通信等形式。其中无线电通信应用最为广泛，它利用电磁波信号在自由空间传播的特性进行信息交换。无线通信相对于有线通信而言，一般不需要通信的有线介质。无线通信采用数字化通信技术，也就是一种用数字信号 0 和 1 进行数字编码传输信息的通信方式。该方式通常由用户设备、编码和解码、调制和解调、加密和解密、传输和交换设备等组成。当无线信号在空中传播时，无线信号的强度会随着传播距离的增加而衰减。此外，有用的无线信号还会受到环境噪声和其他同频段信号的干扰。为保证无线通信的质量，解决时空可变造成的不稳定性等问题，无线通信一般需要设计复杂的数字调制解调技术。

智能家居中的智能设备要实现无线通信，首先需要建立无线通信网络。无线通信网络指利用具体的某一种无线通信技术、通信设备、通信标准和协议等构建组成的一种通信网络。在该网络中使用该网络通信协议的设备能够接入网络，并依赖该网络实现相互通信。在构建的无线通信网络中，多数通信设备镶嵌在固定的智能家电中，采用无线固定通信方式，也有的采用移动通信方式，如使用移动终端(如智能手机、遥控器等)就是采用的无线移动通信方式。

按智能家居无线通信的距离进行划分，一般智能家居采用短距离的通信方式，通信距离一般为几厘米到几百米以内，如蓝牙技术、ZigBee、Z-Wave、UWB、Wi-Fi、LiFi、NFC 通信技术、红外通信技术、RFID 通信技术等。有些智能家居需要采用远程“永远在线”控制的方式，如远程抄表，可以采用远距离的无线控制方式，实现几十千米以内的通信，如 3G、4G、5G、NB-IOT 等。在智能家居的无线通信协议中有些具有自己组网的能力，能够自动将部署的无线设备组成无线网络，如 ZigBee、蓝牙、Z-Wave 等。

4.2 短距离无线通信技术

智能家居中的短距离无线通信技术主要有蓝牙技术、Wi-Fi 技术、ZigBee 技术和 Thread 技术。这几项技术各有千秋，具有不同的历史发展基础，并且在智能家居和物联网领域一直在发展，不断推出适合物联网和智能家居应用的新的低功耗、高性能的协议版本。未来的发展趋势，仍然是群雄争霸，竞合有序。考虑到智能家居多样性混合网络的需求，相信在很长的一段时间内，仍然是群芳争艳，各自发挥各自的优势，并进一步融合发展。表 4-2 简单对比了几项典型短距离通信技术的情况。

表 4-2 几项典型短距离通信技术的情况

种类	工作频段	传输速率	最大功耗	特点	链接数倍数	安全性	主要用途
ZigBee	2.4GHz	0.25Mbit/s	1～3mW	点到多点	65536	中等	家庭网络、控制网络、传感器网络
红外	820nm	16Mbit/s	几毫瓦	点到点	2	高	近距离可见传输、智能家居
HomeRF	2.4GHz	2Mbit/s	100mW	点到多点	127	高	家庭无线局域网
蓝牙	2.4GHz	732.2kbit/s	1～100mW	点到多点	7	高	个人网络、智能家居
Wi-Fi	2.4GHz	54Mbit/s	10～500mW	点到多点	256	中等	家庭、商用局域网

4.2.1　蓝牙技术

蓝牙技术发展到今天可以说是应用广泛，不仅在工作、商务中有出色的表现，在居家方面也表现突出。将蓝牙技术融入居家办公领域，使得办公、生活更加随意且高效。蓝牙技术在车辆导航中也发挥着重要作用，用户不仅可以在 10m 范围内用附有蓝牙的手机控制车门和车中的各类开关，还可以通过手机加蓝牙下载电子地图等数据到车载 GPS 导航系统中。另外，车载蓝牙实时系统可以提示驾驶员避开拥堵路段绕行。

蓝牙是一种短距离无限数据和语音传输的全球性开放式技术规范，它也是一种用于各种固定的、移动的数字化硬件设备之间近距离无限通信技术的代称，如今蓝牙技术在工作、生活和娱乐中都有大量的实际应用。

在智能家居应用中，蓝牙技术可以低功耗地连接各种智能家电设备，尤其在移动设备中具有优势。尤其是蓝牙 5.0 针对智能家居做了新的设计，如提供基于 Wi-Fi 的精度小于 1m 的室内定位技术，拥有更远的传输距离等，这无疑会增加蓝牙技术在智能家居领域的竞争力。

1. 蓝牙的主要技术参数

蓝牙的主要技术参数见表 4-3。

表 4-3　蓝牙的主要技术参数

特性	取值状态
工作频段	ISM 频段，2.402～2.480GHz
双工方式	全双工，TDD 时分双工
业务类型	支持电路交换和分组交换业务
数据传输速率	1～24Mbit/s
非同步信道速率	非对称连接 723.2kbit/s/57.6kbit/s。对称连接 433.9kbit/s
同步信道速率	64kbit/s
功率	美国 FCC 要求<1mW，其他国家可扩展为 100mW
跳频频率数	79 个频点门 MHz
工作模式	PARK/HOLD/SNIFF
数据连接方式	面向连接业务 SCO，无连接业务 ACL
纠错方式	1/3 FEC，2/3 标 FEC，ARQ

续表

特性	取值状态
鉴权	采用反应逻辑算术
信道加密	采用0位、40位、60位加密
语音编码方式	连续可变斜率调制CVSD
发射距离	10～300m

2. 蓝牙组网方式

蓝牙按特定方式可组成两种网络:微微网(Piconet)和散射网(Scatternet)。

(1)微微网。通过蓝牙技术以特定方式连接起来的一种微型网络。在微微网中,所有设备的级别是相同的,具有相同的权限,采用自组式方式(Ad-hoc)组网。微微网由主设备(Master)单元(发起链接的设备)和从设备(Slave)单元构成,包含1个主设备单元和最多7个从设备单元。一个微微网可以只是两台设备相互连接组成的网络,也可以由8台设备连在一起组成网络。

蓝牙手机与蓝牙耳机的连接就是一个简单的微微网。在这个微微网中,智能手机作为主设备,蓝牙耳机充当从设备。一旦完成蓝牙网络连接,就可以使用蓝牙耳机了。此外,还可以在两部手机间利用蓝牙连接传输文件、照片等,进行无线数据传输。

(2)散射网。由于一个微微网中的节点设备数目最多为8个,为扩大网络范围,多个微微网可以互联在一起,构成蓝牙散射网。在散射网中,为防止各个微微网间的互相干扰,不同微微网间使用不同的跳频序列。所以,只要不同的微微网没有同时跳跃到同一频道上,各个微微网就可以同时占用2.4GHz频道传送数据,而不会造成相互干扰。

不同微微网之间的连接可以选择微微网中的一个Slave同时兼任桥(Bridge)节点来完成,也就是Slave/Slave(S/S)。当然,也可以选择微微网中的Master来担任它连接的另外一个微微网中的Slave节点,也就是Master/Slave(M/S)。这样,通过这些桥节点在不同时隙、不同的微微网之间的角色转换,即可实现微微网之间的信息传输及连接。

散射网是自组网(Ad-hoc Networks)的一种特例,其最大特点是无基站支持,每个移动终端的地位是平等的,并可独立进行分组转发决策。其建网的灵活性、多跳性、拓扑结构动态变化和分布式控制等特点是构建散射网的基础。

3. 智能家居主要应用及未来发展

蓝牙具有小规模、低成本、短距离连接等特点，在智能家居环境中能够有效地建立掌上计算机、笔记本电脑和手机等移动通信终端设备之间的通信，尤其是可以利用手机的蓝牙连接控制智能家居中的家居设备。

尽管蓝牙技术的传输距离短、传输速率慢，但由于蓝牙技术能耗低，特别是低功耗蓝牙技术，主要应用于家庭医疗、健康传感器、智能穿戴设备、智能玩具等电源供给有限的设备，如血氧计、血压计、体温计、体重秤、血糖仪、心血管活动监控仪、便携式心电图仪等。

蓝牙5.0将传输距离扩大到了300m，并加入了室内定位和导航功能，未来对于推动智能家居的应用值得期待。但同时要看到，目前蓝牙的组网能力有限，尤其要自组织未来家庭中的几百个智能设备传感器，还需要寄希望于蓝牙Mesh网络。在蓝牙5.0发布之后，蓝牙Mesh网络协议组在2016年11月公布了测试版本。

蓝牙Mesh在智能家居中具有一定优势，如低成本、超低功耗等。新的协议版本已经实现低发射功率和完备的休眠机制，实现了蓝牙的超低功率，待机功耗甚至到了微瓦级，并且启动快速。其扩大了通信距离，减少了覆盖盲区。在智能家居环境中，对于耗能不敏感的应用，其高达24Mbit/s的理论传输速率上限可以轻松传送图片甚至短视频。

IPv6和低功耗6LoWPAN的加入，使蓝牙节点具备了独立接入互联网的能力。尤其是，蓝牙定义了79个频道，在智能家居联网时有足够多的频道可以避免同频干扰，而Wi-Fi在2.4GHz只定义了14个频道，ZigBee括2.4GHz的频道在内，加上868MHz和915MHz频道，总共有27个信道。

4.2.2 ZigBee技术

尽管蓝牙技术有许多优点，但仍存在许多缺陷，例如，对家庭自动化控制、远程监测、工业遥控遥测等应用领域而言，蓝牙技术显得太复杂；此外，蓝牙组网规模小、组网方式不够灵活、传输距离近等特点使得其在很多应用场合不适宜使用。因此，2000年12月IEEE成立了IEEE 802.15.4工作组，该小组制定的IEEE 802.15.4标准是一种经济、高效、组网方式灵活的无线通信技术标准。ZigBee正是基于该标准发展起来的。

ZigBee技术标准由ZigBee联盟维护，该标准是为了满足以无线个域网支持低速传输、低能耗、安全、可靠以及成本效益好的标准无线网络解决方案的市场需求而开发的，并将家庭自动化、智能能源、建筑自动化、远程通信服务和个人健康助理这5种主要的应用领域作为开发目标。ZigBee技术标准基于IEEE 802.15.4标准,其具有IEEE 802.15.4的物理层所规定的省电、简单、低成本等优点,增加了逻辑网络、网络安全和应用层。IEEE 802.15.4是ZigBee协议的底层标准,主要规范了物理层和MAC层的协议,其标准由电气电子工程师协会IEEE组织制定并推广。

ZigBee技术适合于低速率数据传输,非常适合用于数据采集和控制信号的传输,它与其他无线通信技术的用途有所区别,主要用于监控、控制,ZigBee技术主要应用领域为工业控制、环境监测、智能家居、医疗护理、安全预警、目标追踪等。

1. 技术特征

ZigBee技术的主要特征见表4-4。

表4-4 ZigBee技术的主要特征

特性	取值状态
频段	868MHz/915MHz和2.4GHz
数据传输速率	868MHz:20kbit/s
	915MHz:42kbit/s
	2.4GHz:250kbit/s
调制方式	868MHz/915MHz:BPSK
	2.4GHz:O-QPSK
扩频方式	直接序列扩频
通信范围	10～100m
通信延时	15～30ms
栈容量	28 KB
信道数目	868MHz:1
	915MHz:10
	2.4GHz:16
寻址方式	64bit IEEE地址,16bit网络地址
响应速度	极快,适合实时性强的应用
信道接入	CSMA/CA和时隙化的CSMA/CA

续表

特性	取值状态
网络拓扑	星形、树形、网形
功耗	极低
状态模式	激活、休眠
业务类型	分组交换

2. ZigBee在智能家居中的应用

ZigBee在智能家居中的应用较多，具体应用在照明控制，窗帘控制，家庭安防，暖气控制，内置家居控制的机顶盒，万能遥控器，家庭环境检测与控制，自动读表系统，烟雾传感器，医疗监控系统，空调系统，家用电器的远程控制，远程监控病人的血压，体温和心率等信息，远程医疗，远程监护，远程治疗等方面。例如，利用ZigBee网络可以实现电表、气表、水表的自动抄表与自动监控等功能。在实际应用中，要求抄表采集器具有超低功耗、低成本，但对数据传输速率要求不高，可将ZigBee技术与GPRS/CDMA结合起来，根据抄表用户的不同分布灵活构建无线抄表网络，采集器采集到的数据可通过GPRS/CDMA网络送到抄表监控中心。

在医学领域，借助于传感器和ZigBee网络，可以准确、实时地检测病人的血压、体温和心跳速度等信息，从而减少医生查房的工作负担，有助于医生做出快速的反应，特别是对重病和危病患者的监护和治疗。例如，应用ZigBee技术可以设计无线医疗监护系统。监护系统由监护中心和ZigBee传感器节点构成，具有ZigBee通信功能的传感器节点采集到监护对象的生理参数信息后，以多跳中继的无线网络传输方式经路由器节点传递到ZigBee网络的中心节点，监护终端设备通过Internet网络将数据传输至远程医疗监护中心或者通过终端外接的3G/4G模块传送到指定医疗人员的手机中，由专业医疗人员对数据进行统计观察，提供必要的咨询服务，实现远程医疗监护和诊治。

以下为基于ZigBee的老年身体状态监测设备实例。

以ZigBee为载体，运用飞思卡尔MMA 7260Q三轴加速度传感器实现老人运动状态的实时监测，通过基于2.4GHz频带的CC2430将残疾人坐、卧、站、走、摔等常规状态以及人身或财产受到损坏时的紧急情况发送到数字家庭的信息处理终端，进行数据的备份及智能处理。同时，信息终端具有实时提醒残疾人进行适当日常运动以及健康保健的功能，在监测器端配有语音及振动等方式提醒残疾人进行相关活动。ZigBee 网络环境设计结构如图 4-1 所示。

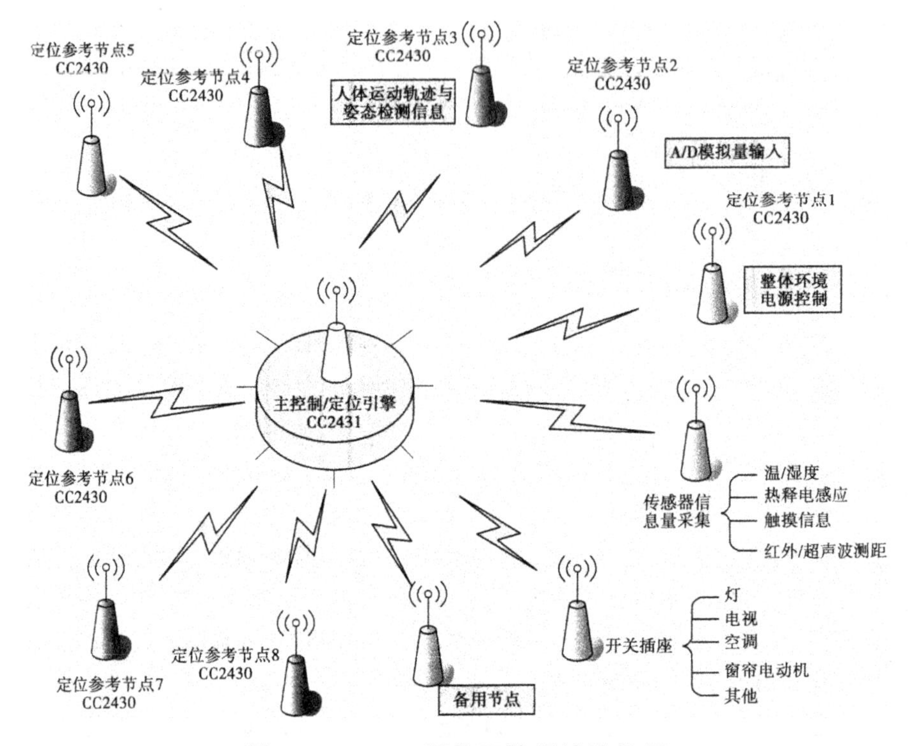

图 4-1　ZigBee 网络环境设计结构图

(1)活动状态的记录与查询。老人佩戴设备已经有一段时间了,他的儿子因为工作繁忙最近没有去老人的住所看望老人,又想了解老人最近的状态。

于是他打开通过无线传输并保存在数据库中的老人的活动状态数据,任意地查询每天的某一段时间的老人活动情况,什么时段在走路,什么时间在休息,一切情况都一目了然。

(2)ZigBee 网络定位功能。某天,老人吃完晚饭外出散步,远方的儿子给老人打电话,打了数个电话都没有人接听,非常着急。

他通过计算机与 ZigBee 网络连接,通过老人携带设备中的 ZigBee 模块定位到老人的位置,原来在小区楼下的花园,这才放心。

(3)语音提示。老人独自在家休息,远方的孙子(孙女)通过计算机发送祝福消息给老人,老人通过设备上的语音合成芯片可以听到远方的孙子(孙女)送来的祝福语。

老人刚吃完饭，不一会老人通过设备收到一条语音提示：现在是××点××分，该吃药了。

(4)突发情况的应急状况。当老人在户外活动时，突然感觉身体不舒服或者突然摔倒，他按下设备上的按钮，设备就发出报警信息给计算机，通过计算机的网站给远方的家人发出信息。

家人得到消息及时回去照顾老人或拨打120急救电话使老人得到相应的照顾。

4.2.3 Wi-Fi技术

无线高保真(Wireless Fidelity，Wi-Fi)是一种重要的无线网络(WLAN)技术，其中Fidelity是指不同厂商的无线设备间的兼容性。伴随着4G时代的发展，新一轮WLAN热潮开始，Wi-Fi技术也越来越多地被人们提起。

Wi-Fi为WLAN的普及做出的贡献，首先体现在提高WLAN设备的标准化程度上，然后是对各个设备厂商的WLAN设备进行测试，以保证来自不同厂商的产品之间的兼容性和互操作性，促进无线局域网的推广。

Wi-Fi这一无线联网技术的实现，离不开无线访问节点(Access Point，AP)和无线网卡。与传统的有线网络相比，Wi-Fi网络的组建在复杂程度和架设费用上都占有绝对的优势。组建无线网络时，仅需要在无线网卡和一台AP的基础上，利用原来的有线架构即可进行网络共享。AP充当的主要角色是，在MAC层中连接无线工作站和有线局域网的桥梁。有了AP，就像一般有线网络的Hub一般，无线工作站可以快速且轻易地与网络相连。

尤其是在宽带的实际应用中，Wi-Fi技术使其更加便利。在接入有线宽带网络(ADSL、小区LAN等)后，连接上AP，再把计算机装上无线网卡，即可共享网络资源。对于普通用户来说，仅需要使用一个AP即可，甚至用户的邻里得到授权后，无须增加端口，也能以共享的方式上网，如图4-2所示。

Wi-Fi技术的优势如下：

(1)无线电波的覆盖范围广。Wi-Fi的覆盖范围能达到半径100m左右，超过了蓝牙技术的有效范围。

(2)传输速度快。与蓝牙技术相比，Wi-Fi技术的安全性能较差，通信质量有待提高，不过，其具有较高的传输速度，能够达到11MB/s(802.11b)或者54MB/s(802.11g)。能够适应个人和社会信息化的高速发展，提供高速的数据传输。

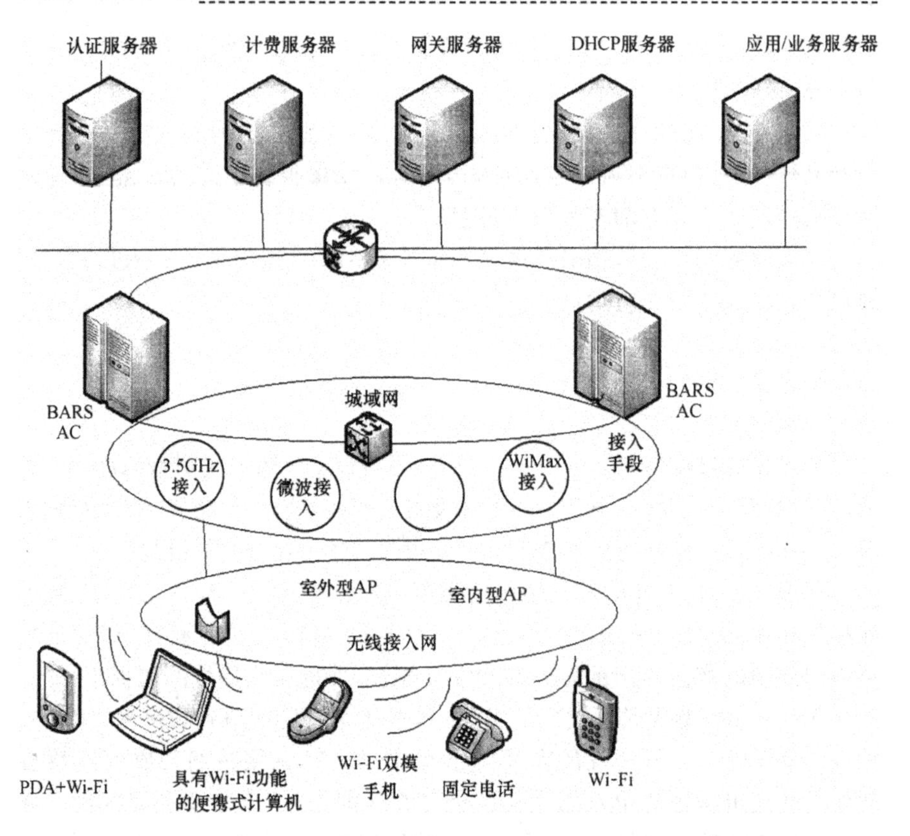

图 4-2 常见的无线网络组建拓扑结构

(3)无须布线。Wi-Fi 技术的实现避免了网络布线的工作,仅需要 AP 和无线网卡,即可实现某一范围内的网络连接。对于移动办公来说,非常便利,因此,其发展潜力较大。

(4)健康安全。手机的发射功率为 200mW~1W,而且无线网络使用方式并非像手机直接接触人体,应该是绝对安全的。

(5)Wi-Fi 应用现在已经非常普遍。由于 Wi-Fi 网络能够很好地实现家庭范围内的网络覆盖,适合充当家庭中的主导网络,家里的其他具备 Wi-Fi 功能的设备,如电视机、影碟机、数字音响、数码相框、照相机等,都可以通过 Wi-Fi 建立通信连接,实现整个家庭的数字化与无线化,使人们的生活变得更加方便与丰富。

4.2.4 Z-Wave 技术

Z-Wave 是一种新兴的基于射频的,低成本、低功耗、高可靠性,适于网络的短距离无线通信技术。工作频带为 90842MHz(美国)～868.42MHz(欧洲),采用 FSK(BFSK/GFSK)调制方式,数据传输速率为 9.6kbit/s,信号的有效覆盖范围在室内是 30m,室外可超过 100m,适合于窄带应用场合。随着通信距离的增大,设备的复杂度、功耗以及系统成本都在增加,相对于现有的各种无线通信技术,Z-Wave 技术专门针对窄带应用并采用创新的软件解决方案取代成本高的硬件,因此只需花费其他类似技术的一小部分成本就可以组建高质量的无线网络,Z-Wave 技术将是最低功耗和最低成本的技术,有力地推动着低速率无线个人区域网的发展。

1. Z-Wave 的技术特点

(1)低成本。Z-Wave 系统在一个家庭应用系统中能够实现 232 个节点、能够实现节点间的通信路由,但通过实验证明一个 Z-Wave 网络如果加入超过 120 个设备之后,设备操作会出现人能感觉到的迟滞(一般家庭会有 20～30 个设备)。所以 Z-Wave 把网络节点局限在 232 个以内是聪明的做法。Z-Wave 聚焦于智能家居的狭窄应用领域的策略让其以比较低的成本实现相对理想的效能。

(2)低功耗。使用 Z-Wave 技术的家庭设施由于在控制及信息交换中的通信量较低,因此十几 kbit/s 的通信速率已经足够能胜任这个通信负荷,因此完全可以采用电池供电,这就降低了家用设施的运行功耗,目前 Z-Wave 第五代芯片模组的休眠待命电流只有 1μA。

(3)高可靠性与覆盖性。Z-Wave 为双向传输的无线通信技术,运用此技术可以实现在遥控器上显示操控信息与状态信息,相对地,传统单向红外线遥控器就难以实现此种设计。同时 Z-Wave 网络是一种具备自动动态路由功能的点对点通信网络,通信可以通过多达 4 个中介设备转发,理论上最多能扩大 4 倍通信距离,它不会由于一个节点的故障而影响其他节点的工作,因为如果第一个通信路径失效,它会自动使用第二路径甚至第三个路径,如果所有可用路径都失效,该设备或控制器还具有修复通信的功能。Z-Wave 技术采用双向应答式的传送机制、压缩帧格式、随机式的逆演算法减少失真和干扰。另外,现在 Z-Wave 的传输带宽从最初的 9.6kbit/s 提升至 40kbit/s 后,也提供 AES128 加密的功能。在安全可靠性方面,与目前银行所用的属于同一级别。

2. Z-Wave 在智能家居中的应用

Z-Wave 是唯一专门针对智能家居应用的短距离无线通信技术,因具有低成本、低功耗、小尺寸、易使用、高可靠性、双向无线通信组网等特性而得到广泛应用。利用一个 Z-Wave 控制器，可以同时控制智能家居中的家用电器、灯具、抄表器、门禁、通风空调设备、家用网关、自动报警器等。如果将 Z-Wave 技术与其他技术(如 Wi-Fi 技术)相结合，用户就可以利用手机、互联网、遥控器等对 Z-Wave 网络中的家电、自动化设备甚至是门锁进行远程控制。用户还可以设定相应的“情景”，比如影院模式，会自动合上客厅的窗帘，降低灯的亮度，并且启动电视机或者投影仪。由于采用了通用的标准，不同公司出品的 Z-Wave 产品之间都可以互联互通，这给用户带来了极大的方便。

不过，尽管 Z-Wave 联盟已有 160 多家业者加入会员，未来还需要 IT、通信、消费性电子等领域的重量级业者的支持，而相对的国际级的半导体业者几乎都支持和参与了 ZigBee 联盟。另外，Z-Wave 在节点数量上受到限制，对组成更大覆盖范围和连接更多的节点设备有一定的影响。

4.3 长距离低功耗无线通信技术

长距离低功耗无线通信技术又称低功耗广域网 LPWA 技术(Low Power Wide Area)，主要是随着物联网应用的发展而开发的一类低功耗的远距离通信技术。目前该技术主要分为两类：一类工作于授权频谱下，如 3GPP 支持的蜂窝通信技术，采用如 EC-GSM、LTE Cat-m、NB-IOT 等技术；另一类是工作于未授权频谱的 LoRa、SigFox 等技术。在智能家居领域，该技术主要用于满足智能家居中部分智能家电设备“常在线”、可以远程访问和控制的需要。常用的 LPWA 技术有 NB-IOT、LoRa、SigFox、RPMA 和 Wi-Fi HaLow 技术，各种技术比较见表 4-5。

表 4-5　低功耗广域网 LPWA 技术比较

NB-IOT	2016	GSM/LTE	20km	28～64kbit/s
LoRa	2015	Sub-GHz	3～15km	0.3～27kbit/s
SigFox	2012	Sub-GHz	3～50km	100bit/s
RPMA	2008	2.4GHz	4km	8～8kbit/s
Wi-Fi HaLow	2016	Sub-GHz	1km	100kbit/s

4.3.1 NB-IOT 技术

NB-IOT(Narrow Band Internet of Things)是一种基于蜂窝的窄带物联网的低功耗远距离无线通信技术，属于低功耗广域网络(LPWA)的一种。NB-IOT 消耗大约 180kHz 的频段，可直接部署于 GSM 网络、UMTS 网络或 LTE 网络，可采取带内、保护带或独立载波三种部署方式。

NB-IOT 主要技术特点如下：

(1)低功耗。在低功耗智能家居设备中，尤其是需要安装电池的智能设备中，NB-IOT 应用于小数据传输量、小传输速率的智能家居，因为 NB-IOT 设备功耗非常小，设备续航时间甚至可达到 10 年。

(2)高覆盖。NB-IOT 的室内覆盖能力及穿透能力较强，比 LTE 提升 20dB，这不仅增加了无线连接的可靠性，保证了“常在线”的需要，还能覆盖智能家居中部署在地下车库中的智能家居设备。

(3)强连接。NB-IOT 能够提供现有无线通信技术 50～100 倍的接入设备数，一个基站的一个扇区能够支持 10 万个低延时高敏感度的连接数，这能够保障未来智能家居中大量智能设备同时联网的需求。

(4)成本低。随着 NB-IOT 应用的推广，未来 NB-IOT 模组成本有望降至 5 美元以内。不过目前蓝牙、Z-Wave、Thread、ZigBee 等标准芯片价格也较低，仅在 2 美元左右。

(5)通信距离和数据传输速率。NB-IOT 的通信距离为 1～20km；所支持的最大数据传输速率：上行(Uplink)为 64kbit/s，下行(Downlink)为 28kbit/s，因此适用于那些对数据传输速率要求不太高的应用场合。

4.3.2 LoRa 技术

LoRa 技术是美国 SemTech 公司研发的一种低功耗广域网络 LPWA 技术。SemTech 公司是高质量模拟和混合信号半导体产品的领先供应商，该公司在 2013 年 8 月发布了新型的基于 1GHz 以下的超长距低功耗数据传输技术(Long Range，LoRa)的芯片，其灵敏度达到了惊人的 －148dBm，与同类芯片相比，接收灵敏度提高了 20dBm 以上。LoRa 技术具有成本低、通信距离远、功耗低、安全性高等特点，而且由于 LoRa 使用的是一种异步通信协议，不仅在处理干扰、网络重叠、可伸缩性等方面具有优势，而且在耗电方面大大延长了使用电池供电的设备的使用寿命。

LoRa 的主要技术特点如下：

(1)测距及定位。LoRa 能够提供不依赖于 GPS 的定位技术，这对于智能家居室内定位尤其有利。LoRa 主要利用传输信号在空中的传输时间来测量距离，而不是利用接收信号的强度 RSSI 值，因为 RSSI 值受环境的影响太大，稳定性差。LoRa 根据多点（网关）对一点（终端）的空中传输时间差的测量来实现定位，定位精度可在 5m 以内。

(2)工作频率。工作在 868MHz/915MHz ISM 免费频段，美国为 902～928MHz，欧洲为 863～870MHz，中国为 779～787MHz。

(3)广域长距离覆盖。在城区通信距离达 5km，在空旷郊区可达 15km。

(4)低能耗。节点能耗低。节点可以根据具体应用场景的需求进行或长或短的睡眠。LoRa 节点的接收电流仅为 10mA，睡眠电流为 200nA，因此使用 LoRa 技术的电池寿命高达 3～10 年。

(5)网络部署简单。LoRa 组网主要包括服务器、网关和终端设备。一个 LoRa 网关可以同时连接和管理多达 1000 个的终端节点。

(6)采用变速率数据传输。为了节省节点的能耗，终端节点可以采用 0.3～27kbit/s 的数据传输速率。

(7)安全性高。采用嵌入式的端到端的 AES128 安全算法。

(8)成本。目前 LoRa 模块的价格一般为 7～10 美元，但 LoRa 联盟本身没有版权等限制，未来 LoRa 模块价格有望低于 4 美元。

LoRa 技术的主要缺点在于其服务质量（Quality of Service，QoS）不高，数据传输量小，存在时间延迟等。LoRa 技术采用星形组网方式，在服务质量上不如使用蜂窝网络的通信方式，如 NB-IOT。另外，其通信速率小于 27kbit/s，时延比较长，对于实时性要求高的应用不适合，因此适合成本低、大量连接，对服务质量和数据传输速率要求都不高的应用场合。

4.3.3 SigFox 技术

SigFox 技术来自于 2009 年成立的一家法国全球物联网运营商公司。SigFox 建立的网络使用 UNB（Ultra Narrow Band）超窄带技术，每秒只能处理 10～1000bit 的数据，但低功耗是该技术显著的特点，其双向通信连接的耗电功率为 100μW，仅为一般移动电话通信消耗功率的 1/50（移动电话通信消耗功率一般约为 5000μW）。

数据传输每天每个设备节点发送 140 条消息，每条消息 12 字节（96 位），无线数据传输速率为 100bit/s。SigFox 工作在 ISM 免费频段，在欧洲使用 868MHz，在美国使用 915MHz。SigFoX 通信距离在农村地区为 30～50km，在城市中常有更多的障碍物和噪声，距离可能减少到3～10km。SigFox网络是基于星形连接的可扩展性好、容量高的网络，具有非常低的能源消耗，同时保持了简单和易于部署的特点。

SigFox价格低廉，SigFox通信芯片和调制解调器的成本不到1美元。其低廉的成本，使其在国际领域的布局扩展迅速。但SigFox在一个国家只与一个合作商进行合作部署网络，而不具有像LoRa联盟一样的开放性。

4.4　其他无线通信技术

4.4.1　UWB技术

UWB(Ultra Wide Band)技术是一种超宽带无线通信技术。超宽带是指系统宽带与系统中新频率之比大于20%或者系统带宽大于500MHz的通信系统。由于UWB系统具有系统复杂度低、发射功率谱密度低、对信道衰落不敏感、低截获能力、定位精度高等优点，非常适合用于在室内等多径密集的场所建立无线局域网。另外，它具有的传输速率高、空间容量大，以及良好的共存性和保密性等众多优点，使得它在雷达、通信及军事应用等方面也展现了优越性能。

UWB技术的出现增加了无线技术的带宽，增强了工业环境下无线技术的通信质量，提高了无线技术的传输速度，促使工业网络化控制系统向多媒体信息传输、监测、控制等一体化方向发展。

1. 超宽带技术的组成

超宽带技术主要包括超宽带信号产生、数据信息编码和调制、放大和发射、信道传输、信号接收、捕获、跟踪、解调、解码等几个方面。超宽带技术系统的收、发体系框架如图4-3所示。

2. UWB应用的网络结构

从网络拓扑角度来看，在实际方案中，通常考虑两种UWB网络：一种是基础网络，另一种是移动自组织(Ad-hoc)网络。

图4-4显示了一个基础UWB网络的例子。通过一个接入点，嵌在UWB收发器中的移动节点[台式机、笔记本、个人数据助理(PDA)和移动电话]可以连到互联网上，并能跟其他的远距离用户通信。此外，接入点可以为处于相同UWB网络中的节点传送数据包。

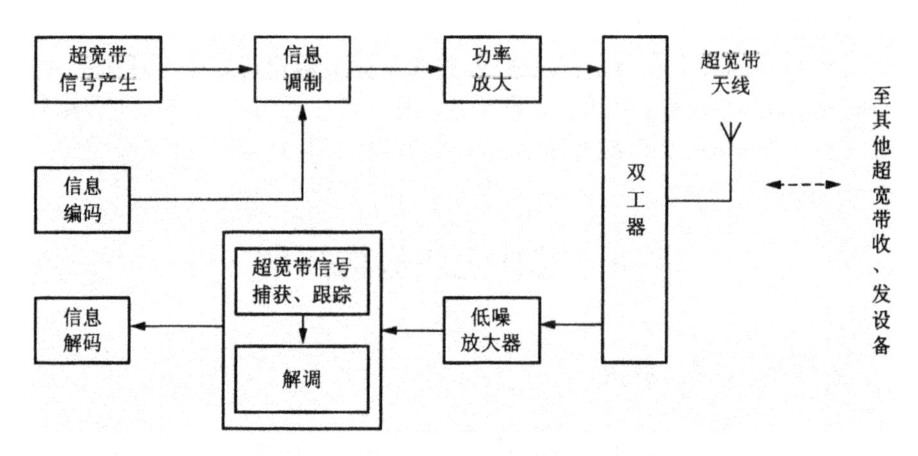

图 4-3　超宽带技术系统的组成框架

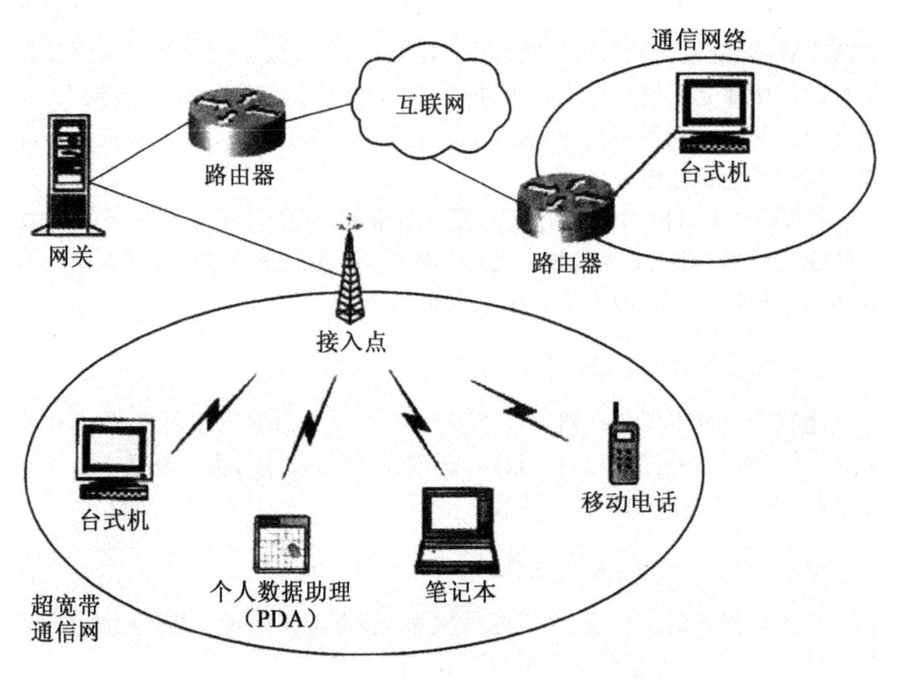

图 4-4　一个基础 UWB 网络的例子

图 4-5 显示了一个 Ad-hoc UWB 网络的例子。因为 Ad-hoc 网络不用预先安置基站或者接入点，人们可以在一个小区域内轻松地共享大的文件或者进行高质量的视频会议。

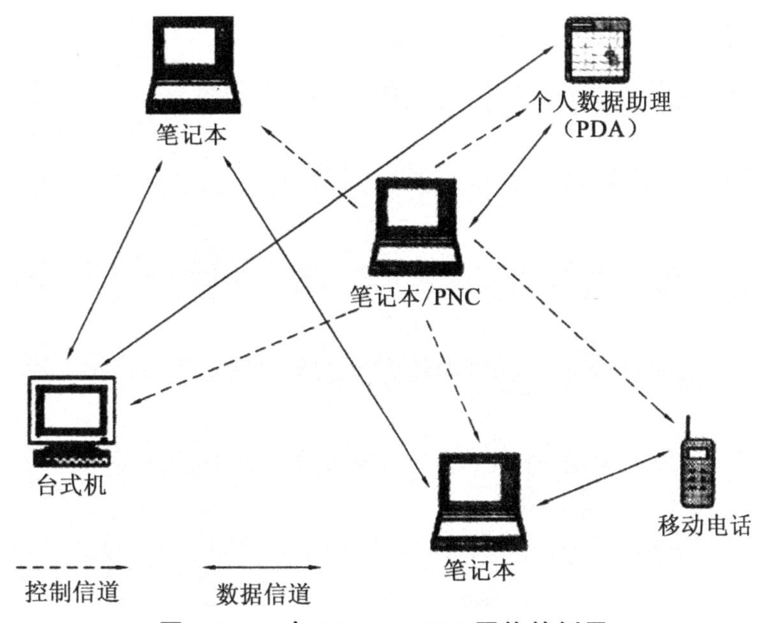

图 4-5　一个 Ad-hoc UWB 网络的例子

媒体接入控制（MAC）主要是为相互争用的设备间的信道接入提供一个协调的基本原则。重点的研究挑战在于对 MAC 的资源分配和服务质量（QoS）保障的研究。

3. UWB 的应用

UWB 过去的应用主要是在军事领域，近些年来，随着技术的开放，UWB 应用遍及个人电脑、消费电子产品及移动通信领域，可以将家庭、办公室或者汽车中的电子设备连接起来，使得设备之间的互通更加便捷。

UWB 在实现高速无线通信时，应强调短距离性。根据这一特点，UWB 在无线网络覆盖中的应用定位如图 4-6 所示，即 UWB 定位为无线个域网（WPAN）技术，与 WLAN、蓝牙、3G 等技术并不冲突，而是实现无缝连接，有限重叠，互为补充。图 4-7 展示了 UWB 三种典型的无线通信应用场景：场景（1）利用 UWB 组成智能家庭无线多媒体网络；场景（2）作为一种无线接入手段，配合光纤接入网（EPON，GPON，BPON）以实现高速连接 Internet；场景（3）在装备了 UWB 设备的移动终端（如手机）间以 Ad-hoc 方式自组网，实现不需要通过基站的手机间高速资源共享。

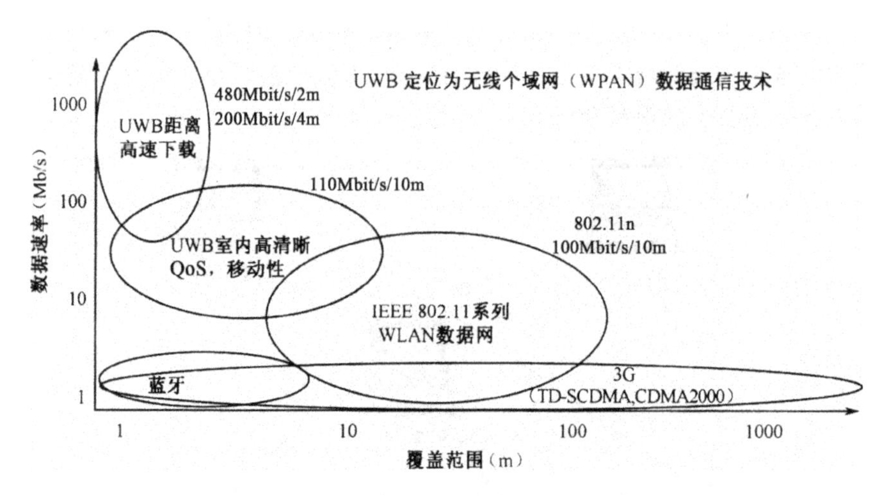

图 4-6　UWB 在无线网络覆盖中的应用定位

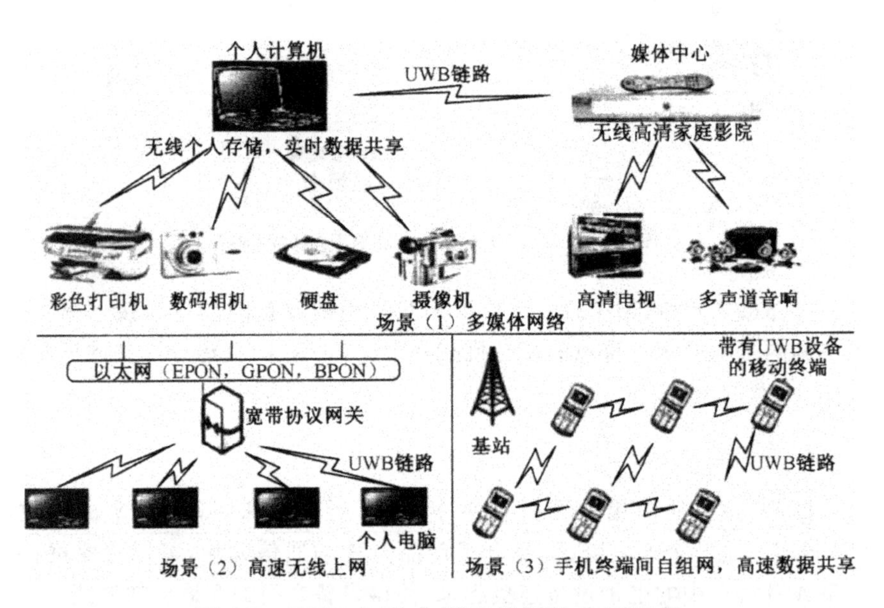

图 4-7　UWB 三种典型无线通信应用场景

4.4.2　RFID 技术

射频识别运用体积非常小的无线通信芯片与天线构成的器件，搭配特定的读写设备，让装有这种器件的物品能通过无线通信被有效地识别，就是这么简单的功能却引发了极大的市场商机，有很多生活上的便利就是来自这样的科技，只是平时没有特别去注意，等到了解这些科技后，就会发现其奥妙之处。

中国台北市举办的世界花博运用了很多现代的信息技术，包括4G通信，展馆中充满了科技的创意运用。例如，参展的人可以手戴RFID无线通信的套环，与展馆内的设施互动。在互联网的环境中，只要能够随时随地连上网络，就能体验网络上的各种应用。射频识别技术是商业自动化领域中相当重要的无线通信技术，主要是因为“无线”的方便加上“实时数据识别与处理”的功能，衍生出很多有趣的应用。

射频识别技术是一种近距离、低复杂度、低功耗、低数据速率、低成本的无线通信技术。通过高频的无线频率（315MHz或433.92MHz、868MHz、915MHz等）点对点传输，实现灯光、窗帘、家电等的遥控功能。这种技术的优点是部分产品无须重新布线，利用点对点的射频识别技术，实现对家电和灯光的控制，安装设置都比较方便，无须预先布线，不会破坏原有家居的美观。

RFID技术带来很多潜在的应用，不过任何一种技术要成功地普及都需要解决一些基本的问题，例如，构建的成本以及对类似技术的取代性，最近几年将是RFID技术变化最大的时机。下面列出一些必须考虑的问题。

(1)成本。假如一瓶矿泉水的RFID标签就需要0.5元的成本，商家可能就承担不起了。整体环境的构建也需要投资，如果高速公路收费的ETC转换成eTag，就要花不少钱来搭建。

(2)再用与流通(开放供应链)。RFID标签假如能再用与流通，可以解决部分成本问题，但是仍有其他问题需要解决。

(3)标准化。产业之间的关系密切，商业活动的范围广泛，整个RFID环境的构建一定要标准化才能普及。

(4)读取器的数量。这是另一个可能大幅影响构建以及应用成本的因素。

4.4.3 NFC技术

NFC技术是一种短距离高频无线通信技术。该技术允许电子设备之间以非接触方式实现点对点之间的数据传输，其通信距离在10cm左右。NFC技术最早由Sony和Philips(现恩智浦半导体)各自开发成功，工作频率为13.56MHz，采用主动和被动两种读取模式，其传输速率有106kbit/s、212kbit/s和424kbit/s三种。近场通信技术已经成为ISO/IEC IS 18092国际标准、ECMA-340标准与ETS ITS 102190标准。

NFC从技术溯源上讲是RFID技术和互联互通技术整合演变而来的，

它在单一芯片上结合了感应式读卡器、感应式卡片和点对点通信的功能,从而可在短距离内与兼容设备进行识别及数据交换。虽然 NFC 来源于 RFID,但与 RFID 技术不同,NFC 具有双向连接和识别的特点。

NFC 通信通常在发起设备(Initiator)和目标设备(Target)之间发生,任何的 NFC 装置都可以作为发起设备或目标设备。两者之间通过交流磁场方式相互耦合,并以 ASK 或 FSK 方式进行载波调制,传输信号。发起设备产生无线射频磁场完成初始化通信(调制方式、编码、传输速度及帧格式等),目标设备则响应发起设备所发出的命令,并选择由发起设备所发出的或是自行产生的无线射频磁场进行通信。NFC 通信方式支持主动模式和被动模式两种模式。

如图 4-8 所示,在主动模式下,发起设备和目标设备分别使用自行产生的无线射频磁场进行通信,此为点对点通信的标准模式,可以获得非常快速的连接设置。

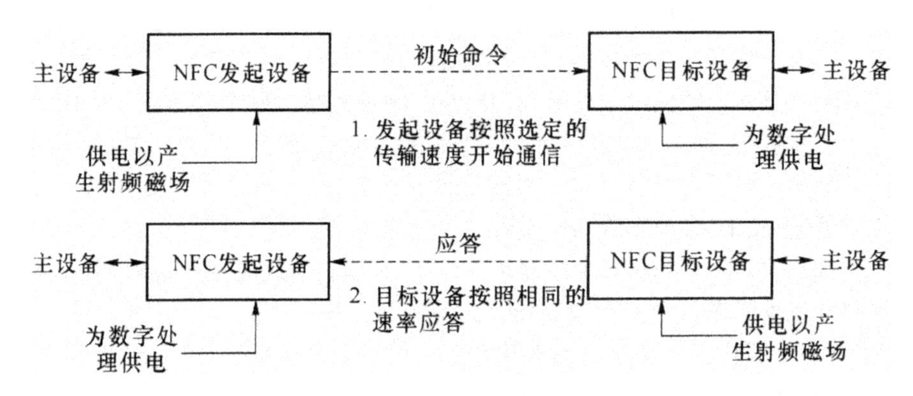

图 4-8 主动模式

如图 4-9 所示,在被动模式下,发起设备一直产生无线射频磁场,目标设备不必产生射频磁场,利用感应电动势提供工作所需的电源,使用负载调制(Load Modulation)技术以相同的速率将数据传回到发起设备。

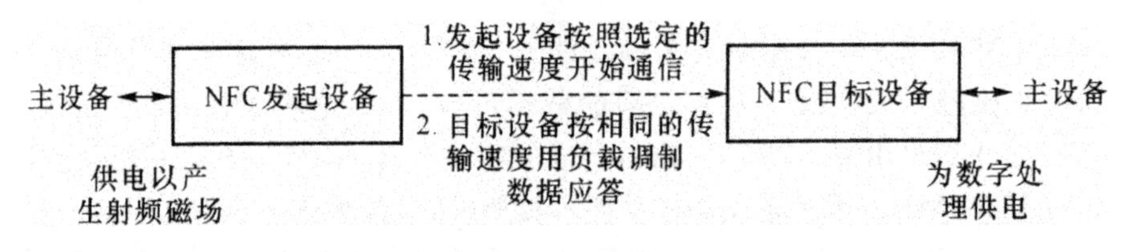

图 4-9 被动模式

为了实现不同场景下的应用需求,NFC 支持卡模拟模式、读写器模式、点到点模式三种操作模式。

(1)卡模拟模式。该模式下,主要是将NFC功能芯片及天线集成在移动终端上,用于非接触移动支付。在实际应用中,手机相当于一张非接触式卡片,用户只需要将手机靠近读卡器,由读卡器完成数据采集,然后通过无线收发功能将数据送到应用处理系统进行处理。该模式下的典型应用为本地支付及电子票应用。

(2)读写器模式。该模式下,NFC设备作为非接触读卡器使用,比如从电子海报或展览信息电子标签上读取相关的信息。

(3)点到点模式。该模式下,两个具备NFC功能的设备能实现数据的点对点传输,如图片交换、多媒体下载等。

NFC在智能家居中占有一席之地,这得益于该技术的简单、便利、标签体积小等特点以及智能家居应用多样化的需要。NFC可以用于智能家居物体的定位及跟踪,对于一些如钥匙、玩具等小件物品,尤其适用。NFC还能用于嵌入智能家居穿戴设备,如智能鞋、智能健康腕带等。NFC芯片可以装在智能手机上,并且已经成为智能手机的标配。使用具有NFC功能的手机可以方便读取其他NFC设备或标签的信息,并实现短距离交互通信。

NFC不仅可用于物品的识别定位、短距离数据传输,还能对智能家居的智能家电实现控制。此外,由于NFC安全性高,除了可用于手机支付,还可用在安防、门禁中等。

4.4.4　红外通信技术

红外通信技术利用红外技术实现两点间的近距离保密通信和信息转发,一般由红外发射系统和接收系统两部分组成。红外发射系统对红外辐射源进行调制后发射红外信号,接收系统通过光学装置和红外探测器接收信号,完成通信。

红外通信技术使用红外线通信。其实红外线也是一种电磁波,波长为750nm～1mm。红外线频率比微波高,但比可见光低,是一种人的眼睛看不到的光线。红外通信技术采用红外数据协会(IRDA)通信协议标准,采用波长为850～900nm的红外线。

尽管红外通信技术有许多局限性,如传输距离短、对传输方向性要求高、通信角度小等,但它具有通信稳定性好、保密性强、信息容量大、结构简单、成本低廉等特点,因此被广泛应用于智能家电的遥控控制等场合,在智能家居控制系统中仍占有一席之地。

红外通信技术除了被用于智能家居中常见的遥控控制外,还可用于家庭安防的红外探测技术。目前,红外探测一般分为主动式红外探测和被动式红外探测。所谓主动式红外探测需要将红外线发射器部署在一端,并连续发出一束或多束经过调制处理的平行红外光束,这些红外光束被部署在另外一侧的红外线接收器接收并转换为数字信号,最后发送给报警控制装置。如果没有闯入物体,所有红外线被正常收到,则不需要报警;一旦有物体闯入部署的监测区域,部分红外线被阻挡,将被接收器觉察而触发报警。主动式红外探测可以安装在阳台、窗户等位置。

与主动式红外探测技术不同,被动式红外探测利用人体的红外能量与环境有差别这一特性,通过部署红外热释传感器对监控区域的红外能量进行监测,然后通过对监测能量的变化分析进行判断。被动式红外探测除了用于闯入报警,还用于人员的感知监测,判断是否有人在智能家居现场,以智能控制灯的开启与关闭等。

4.4.5 LiFi 技术

LiFi(Light Fidelity)是一种基于光的新兴无线通信技术,结合了光的照明功能和数据通信功能。LiFi 通信也称为可见光通信 VLC(Visible Light Communication),随着白光发光二极管(LED)技术的发展,它正成为新一代无线通信技术的研究热点之一。LiFi 概念最早由爱丁堡大学的德国物理学家 Hardal Hass 教授在 2011 年 10 月提出,并首次将“VLC”称为“LiFi”。经过多年的努力,Hardal Hass 教授逐步将 LiFi 概念从实验室的理论变成了现实中的产品。新的 LiFi 产品,体积更加小巧,双向传输速率达 40Mbit/s,并且能够在非直接光源,如光源背向或侧向环境中实现可靠的数据传输。

LiFi 的主要技术优势如下:

(1)方便、安全、环保。LiFi 结合了日常的光照需要,因此特别便于在使用照明的环境中进行无线通信应用。LiFi 安全性高,因为无线通信方式容易被侵入,但可见光通信不能够穿墙,可以限制在一个相对安全的网络隐私空间。LiFi 通信没有电磁波,不会对环境和人产生污染,因此更加绿色环保。

(2)大容量、高效率。目前,随着无线通信应用设备的大量增加,无线电波的频谱已经非常拥挤,为进一步的应用带来了困难。而可见光的频谱宽度(约 400THz)比无线电波宽 10000 倍,开发空间巨大。此外,相对于无线通信,LiFi 结合了照明需要,通信效率更高。

(3)高传输速率。尽管 LiFi 目前的通信速率不高,但其潜力大。从理论上讲，如果充分利用光谱的带宽，可以达到100Gbit/s以上的速度。因此，随着LiFi通信技术的发展与突破，LiFi高传输速率的优势将更加明显。目前，已经有实时通信将其数据传输速率提高至50Gbit/s，相当于0.2s即可下载一部高清电影。

LiFi技术属于智能家居中最后10m的通信技术，随着技术的发展，应用会更多。如果能够结合电力载波技术的发展，将传输和控制借助家庭原有的电力能源照明系统，将有更广阔的前景。

4.5　智能家居中的常用有线组网技术

在智能家居中采用双绞线为控制总线，以此通信介质的主要有KNX总线、LonWorks总线、RS-485总线、CAN总线等。就总线本身而言，这几种总线的拓扑结构基本是相同的，不同的只是通信协议和接口。

4.5.1　RS-485总线

在要求通信距离为几十米到上千米时，广泛采用RS-485串行总线标准。RS-485采用平衡发送和差分接收，因此具有抑制共模干扰的能力。加上总线收发器具有高灵敏度，能检测低至200mV的电压，故传输信号能在千米以外得到恢复。

RS-485总线采用半双工工作方式，任何时候只能有一点处于发送状态，因此，发送电路须由使能信号加以控制。RS-485用于多点互联时非常方便，可以省掉许多信号线。使用标准RS-485收发器时，单条通道的最大节点数为32个，传输距离较近(约1.2km)，传输速率低(300～9.6kbit/s)，传输可靠性较差；对于单个节点，电路成本较低，设计容易，实现方便，维护费用较低。

RS-485总线布线的规范如下：

(1)RS-485信号线不可以和电源线一同走线。

(2)RS-485信号线可以使用屏蔽线作为布线，也可以使用非屏蔽线作为布线，一般可选择普通的超五类屏蔽双绞线，即网线，作为信号线。

(3)RS-485布线时必须手牵手地布线，但是可以借助RS-485集线器和RS-485中继器，可以任意布设成星形接线与树形接线。

(4)RS-485总线必须接地。

4.5.2 KNX总线

KNX总线是目前世界上唯一的适用于家居和楼宇自动化控制领域的开放式国际标准，是由欧洲三大总线协议EIB、BatiBus和EHSA合并发展而来。该协议以EIB为基础，兼顾了BatiBus和EHSA的物理层规范，并吸收了BatiBus和EHSA中配置模式等优点，提供了家居、楼宇自动化的完整解决方案。

KNX总线系统采用的是开放式通信协议，可以轻松地与第三方系统/设备实现对接。例如，ISDN、电力网、楼宇管理设备等。主要的对接方式有：①通过输入、输出模块，采用接点信号进行连接；②通过USB接口进行连接；③采用符合通信协议的接口，即网关连接，实现数据的双向交换。

KNX总线的传输介质除双绞线、同轴电缆外，还支持使用无线电来传输KNX信号。无线信号传输频宽为868MHz(短波设备)，最大发射能量为25mW，传输速率为16.384kbit/s，也可以打包成IP信号传输。通过这种方式，LAN网络和互联网也可以用来发送KNX信号。

4.5.3 LonWorks总线

在各种现场总线中，LonWorks总线技术以其在技术先进性、可靠性、开放性、拓扑结构灵活性等方面独特的优势，为集散式监控系统提供了很强的实现手段，使其特别适合于建筑的楼宇自动化系统。LonWorks总线使用48位ID神经元芯片，节点数量没有限制，传输距离较远(约2.7km)，传输速率快(300～1.25Mbit/s)，传输可靠性较高；对于单个节点，电路成本很高，设计难度较大，维护费用较高。

4.5.4 CAN总线

CAN总线是一种支持分布式控制和实时控制的对等式现场总线网络。其网络特性使用差分电压传输方式；总线节点数有限，使用标准CAN收发器时，单条通道的最大节点数为110个，传输速率范围为5kbit/s～1Mbit/s，传输介质可以是双绞线和光纤等，任意两个节点之间的传输距离可达10km。对于单个节点，电路成本高于RS-485，设计时需要一定的技术基础；传输可靠性较高，界定故障节点十分方便，维护费用较低。在目前已有的几种现场总线方式中，具有较高的性能价格比。

采用总线技术的智能家居产品有Control4总线灯光系统。Control4总线系统是由基于以太网的控制模块、RS-485的总线场景面板、RS-485网关等设备共同组成的新型总线系统。各模块通过网络与主机进行通信，使用电视界面、触控屏以及移动装置来控制，由调光器、继电器、以太网模块、导轨板等组成一个完整的系统。总线控制模块既可配合总线场景面板，也可配合无线场景面板及无线产品使用，利用Composor完成系统设计可实现多项功能，还可以通过有线按键来控制灯光、音乐、窗帘、安防等，可应用于家庭及商业等多种场合。

4.5.5　ModBus

ModBus由施耐德电气公司旗下品牌Modicon在1979年发明，是全球第一个用于工业现场的总线协议。将ModBus协议作为电子控制器的一种通用语言，通过此协议，不同厂商生产的控制设备可以连接在一个网络中，实现相互通信并进行集中监控。ModBus协议标准可以开放免费使用，并可以在各种介质上使用，如双绞线、光纤甚至无线等。ModBus协议简单、紧凑、通俗易懂，用户使用和开发相对容易。

ModBus协议采用主从结构，因此主节点需要以循环的方式询问每个节点设备，并查找数据的变化，除非构建在以太网的TCP/IP上，各个设备本身无法报告自身异常，这样对于带宽消耗大，并且节点实时响应的时间长。此外，由于ModBus在一个数据链路上只能处理247个地址，限制了连接到主控站点的设备数量。

4.5.6　CEBus

CEBus(Consumer Electronic Bus)是专为家用电子产品进行通信而制定的协议标准。它由美国电子产业协会(Electronic Industry Association，EIA)联合其他厂商制定，是1992年发布的用于替代X-10标准的家庭自动化控制标准。CEBus的EIA-600在1997年正式成为美国ANSI标准。

CEBus目标在于建立一套针对家用电子产品的、通用的、廉价的、与制造厂家无关、开放性的协议标准。CEBus采用简化的OSI模型，分为物理层、数据链路层、网络层和应用层。其物理层可以使用多种不同的传输媒介，包括双绞线、同轴电缆、电力线等，以满足不同应用场合的需要。

CEBus利用扩频技术的载波通信能有效提高系统性能，具有很强的抗干扰能力和保密性。该网络采用完全面向报文的分组(packet),并使用载波侦听多路访问和冲突检测协议(Carrier Sense Multiple Access,CSMA)机制,有效地避免了数据发送冲突和混乱。此外,CEBus采用公共应用语言CAL,从而实现了设备之间的互相访问,可实时掌握总线上设备的所有资源、工作状态,进而更好地控制这些总线设备。

4.5.7 C-Bus

C-Bus由澳大利亚奇胜公司开发(后被施耐德收购),是一个典型的基于计算机总线控制技术、面向智能建筑需求的系统化控制产品。C-Bus以非屏蔽双绞线作为总线载体,用于智能家居照明、空调、火灾探测、出入口监控、安防、能量监控等综合智能家居监控系统。目前C-Bus系统被广泛应用于澳大利亚、新西兰、英国、马来西亚、新加坡、南非、中国等国家。

C-Bus组成一个分布式、总线型的智能控制系统。该系统具有灵活的结构,其控制核心是主控制器。主控制器运行控制程序,保证连接在总线上的设备模块间的总线通信,并通过控制总线采集各输入单元信息,根据预先编制的程序控制所有输出模块。各设备模块的输入和输出都自带微处理器,通过总线互联,而且各设备可以按照需求进行灵活编程,以适应任何使用场合,因此不用改变任何硬件连线就可以方便地调整控制程序。

需要说明的是,主控制器在编程时与编程计算机进行连接,通过专门的编程软件进行编程,一旦程序测试结束并下载到主控制器后,编程计算机仅作为监视用,整个C-Bus的运行完全不需要计算机的干预,而由主控制器掌控。C-BUS总线上为每个设备组件提供36V直流电源,并加载了控制信号,使得控制回路与负载分离,即使开关面板意外漏电,也能确保人身安全。此外,值得一提的是,由于C-Bus系统中每个设备的输入输出单元里都预存着系统状态和控制指令,因此当它遇到断电情况后再恢复供电时,系统会根据预先设定的状态重新恢复工作,无须有人值守。

4.6 融合有线和无线组网方案在智能家居中的应用研究

数据的传输是智能家居实现自动化控制的关键环节,要建立一个通畅可靠的信息传输网络,有线往往需要较大的成本,并且其施工和维护都特别麻烦,这时无线是一种很好的选择,无线主要追求免于布线、灵活组网和移动控制，特别对于已装修的用户可以进行方便的智能化改造，然而无线往往也具有很大的局限性，系统的可靠性、稳定性无法保证。所以未来智能家居的技术，还是有线和无线两种技术同步发展、相互推动，在同一个系统中，既有有线控制系统，又有无线控制系统，做到融合互补。

在智能家居中应用的无线技术主要有 Wi-Fi、蓝牙、ZigBee、红外等，在智能家居中应用这些技术具有以下主要优势。

(1)网络不需要人的参与，自动建立连接，进行数据通信。

(2)节点不需要电缆即可与控制网络连接，组网灵活、方便，同时增加了节点和终端的可移动性、网络结构的灵活性以及现场应用的多样性。

(3)节点易于安装、维护与使用，从而大大减少了系统的设备投资、工程费用和维护费用。

较之无线通信，有线通信技术在智能家居领域也有其自身独特的优势。

(1)总线供电。信息、电源同时传输。

(2)安全性好。有线网络的数据传输是发生在网线之中的，可以说是一个封闭环境，不易被人监听。

(3)可靠性高。对电磁干扰、气候等环境的适应性强。

(4)传输速率高。如梯口机等需要传输声音、视频信号的场景，有线技术可以保证声音、视频的流畅等。

无线介质不像有线介质那样处在受保护的传输环境下，在传输过程中，它常常会衰变、中断和发生各种各样的缺陷，如频散、多径时延、干扰以及频率有关的衰减、节点休眠、节点隐蔽和与安全有关的问题等。因此无线通信系统必须根据其具体的应用环境对各层采用的机制进行优化，以求得最好的综合通信性能。

未来智能家居控制传输技术的应用，对一定需要布线的应用采用总线技术，对于需要免布线或较空旷的区域则采用无线技术。通过有线与无线技术的结合，既减少了有线的布线工作量，又避免了无线技术传输距离较近、信号无法穿透复杂墙体的不稳定性，使操作更方便，布线量更小。

第5章　智能家居控制技术

在智能家居系统中，智能控制技术随着大数据、云计算和人工智能的发展，已成为最具有活力和革命性的关键核心技术。未来智能家居的进一步发展，很大一方面取决于智能控制技术的发展。

5.1　智能家居的控制方式

5.1.1　概述

智能家居的智能控制技术主要包括数据处理技术、人工智能技术、中间件技术、安全与隐私保护技术等。在智能家居系统中，智能控制技术随着大数据、云计算和人工智能的发展，已成为最具有活力和革命性的关键核心技术。未来智能家居的进一步发展，很大一方面取决于智能控制技术的发展，尤其是人工智能在智能家居中的发展和应用。

智能家居的智能化控制技术与智能家居的发展阶段和发展状态有关系，拿照明控制来说，最早的控制是使用无线开关代替机械手动电气开关。有了无线开关，也许还是需要用手按动墙壁上的无线开关，但这个无线开关并不通过实际的电气线路与原来的灯泡相连接。再进一步，可通过 ZigBee 或者蓝牙等无线通信方式，将开灯或者关灯的无线信号传递到灯具的无线控制器上，然后通过集成在智能灯泡上的控制电路使灯开启或者关闭。

再进一步的智能化控制，可以借助越来越普及的智能手机实现，即在智能手机上安装控制照明的 APP 软件，就可以通过手机控制灯的开启和关闭。此外，配合智能灯泡的发展，还能控制灯的亮度和颜色变换。随着人工智能技术的发展与应用，使用语音控制或者手势控制，也会成为未来新的发展趋势。再进一步的发展，智能照明还能够借助机器学习、数据挖掘、神经网络、人工智能等，使智能控制具备自己学习的能力，能够自适应环境，并能满足居住人生活习性的个性化的智能控制。

一般而言，智能家居数据处理技术可以分为本地化的数据处理和远程云端的数据处理，进而实现对智能家居的控制。应该看到，本地化的数据处理与控制尽管有许多优势，比如实时响应速度快等，但由于本地化的数据计算能力有限，因此采用智能家居“本地化＋云端”相结合的方式是未来发展的趋势。采用这种方式，一方面可保证智能家居内部基本控制的有效实现，另一方面可借助云端的外脑，实现更为复杂的智能化控制。

智能家居在云端主要依赖数据（大数据）、处理（云计算）和学习（机器学习、数据挖掘、神经网络、深度学习）这三者的有机结合，最新的发展是人工智能 AI(Artificial Intelligence)在智能家居中的应用。三者中的大数据来自于大量智能家居设备的网络化，在智能家居的初级阶段，首先进入家庭的或许并非完整的一套智能家居系统，而是大量以单件形式存在的智能家居设备，如智能照明灯或带有语音智能识别的智能音箱等。这些智能家电的网络化或者云端化，积累了大量的感知数据。这些感知数据是潜在的财富，需要云计算(Cloud Computing)技术进行大规模的处理，将里面的宝贝（规律）挖掘出来，进而应用到智能家居控制中。

例如，在智能家居环境下，火灾监测是必不可少的一项工作。但目前国内外许多火灾监测的研究都侧重于大型场所，因此开发一种经济实用、高效准确的智能家居火灾监测系统具有很重要的现实意义。智能家居火灾监测系统的目的在于监测火灾的发生，关键在于实时性和准确性，这样才能有效地减少生命和财产的损失。目前的火灾监测系统基本都采用单一的烟雾传感器探测方法，这种方法虽然可以探测出火灾的发生，但是存在很高的误报率，比如厨房烟雾、吸烟等都会引起报警。为了提高监测的准确性和实时性，可以采用三种传感器，即温度传感器、烟雾传感器和 CO 气体传感器采集数据，利用模糊神经网络的算法对三个传感器采集的信息进行融合分类，最终得出是否发生火灾的决策。

例如，随着全国统一坚强智能电网建设的广泛开展，智能小区正在积极建设，各种信息系统全面上线，加之，物联网技术的不断发展，使得在电网末梢用电环节，会有大量的用电终端设备、新能源接入，必将产生大量基础用电信息数据。智能小区中智能家庭的智能家居用电信息数据是每个家庭日常生活的行为结果，这些信息恰好能反映用户真正的信息需求，而这其中隐藏着很多反映用户用电行为的历史记录。如何把这些信息转化为知识，是当前面临的首要问题。数据挖掘技术是处理此类问题的有效手段，通过对商业数据的分析处理，可以发现蕴藏在海量数据中的商业知识，挖掘数据内在的联系、规则和模式，辅助商业决策。

云技术是处理大数据的一种技术，它通过网络将庞大的计算处理程序自动拆分成无数个较小的子程序，再交给由数量众多的服务器所组成的庞大系统进行计算分析之后，将处理结果回传给用户。利用云计算技术，在数秒之内能够处理数以千万计甚至以亿计的信息，实现和超级计算机同样强大效能的网络服务。使用云计算进行计算具有非常显著的性价比优势，可实现对大量智能家居数据的处理、分析、挖掘，能更加迅速、准确、智能地对智能家居进行及时、精细的管理和控制。

最近随着人工智能的发展，尤其是深度学习(Deep Learning)的发展，创造一个具备自我学习能力的人工智能环境重新激起了人们的热情。尤其在智能家居应用方面，尽管人们的理想是要创造一个智能化的生活空间，但实质上到目前为止，智能家居所具备的智能仍有限。未来利用机器学习、数据挖掘、神经网络、深度学习等新技术的发展，创造一个具备自我学习能力、自我适应能力并能提供个性化服务的智能家居系统将成为新的憧憬和发展方向。

例如，随着物联网技术的不断成熟，以及数字化技术在日常家居生活中的应用越来越广泛，智能家居产业也得到了快速发展。但家电多样化功能与人的互动方式的割裂，大大增加了人机交互的复杂度。如何建立一种智能的、自然的家居设备交互管控能力，是智能家居未来发展过程中亟待解决的问题。有的学者，通过对人机交互中语音识别、语义理解、人脸识别、人体动作分析四个方面进行研究，提出了一种基于多模态深度学习技术的非接触式人机交互应用方法。首先利用家电场景中的图像和语音数据，建立一种多模态深度神经网络结构提取语音、人脸、手势和人体动作特征，并分别生成用于人机交互的表述模型，并进一步融合到智能家电应用流程中，通过不断优化和学习，实现了人与家电的非接触式交互，促进了自然便捷的智慧家居人机交互模式。

人工智能又称为机器智能，主要研究如何用计算机表示和执行人类智能活动，并模拟人脑所从事的推理、学习、思考和规划等思维活动，解决需要人类的智力才能处理的复杂问题，如管理决策等。发生在2016年围棋界的两次轰动性事件，引起了人们对于人工智能的新兴趣。2016年3月15日，谷歌旗下英国公司DeepMind开发的AlphaGO计算机程序，在与世界顶尖天才棋手李世石的五番棋对决中，以4∶1完胜，刷新了人类对机器具备的学习能力的看法。紧接着，在2016年12月29日，上线刚刚一周的Master连续击败网络围棋高手，连胜人类60局，在网上围棋界引起一场轩然大波。事后，谷歌承认，Master就是AlphaGO的最新版。

将人工智能应用到智能家居中，最令人期待和振奋的是让智能家居具备学习能力。而这些能力的获取，可以利用机器学习、模式识别、数据挖掘、神经网络、深度学习、强化学习等来实现。比如模式识别,可以通过计算机用数学方法进行模式的自动处理和判读,如用计算机实现对文字、声音、人物和物体等的自动识别。目前机器学习的本质是从大量现有的大数据中学习其中的规律,如采用神经网络和深度学习,基于语音实现对智能家居硬件控制的人机交互成为可能。

5.1.2 智能家居控制方式的类型

智能家居在控制方式上有本地控制、远程网络控制、定时控制和一键情景控制 4 种方式。

1. 本地控制

本地控制是指在受控家电附近,通过智能开关、无线遥控器、控制屏、平板电脑及家用电器本身的操作按钮等,对家电进行的各种操作。

(1)智能开关控制。智能开关控制是指利用前面介绍的智能面板、智能插座对家庭照明的灯具或家用电器进行控制,与传统方式不同的是,可以在家中的多个地点,用多种手段对家电进行控制,包括用一个按键或一个动作同时对多个家电进行控制,即场景控制。

(2)无线电遥控器控制。无线电遥控器控制是指利用前面介绍的无线电遥控器对家庭照明的灯具或家用电器进行简单情景模式控制或对家用电器与灯光进行组合开关控制。

无线电遥控器控制还可与红外转发器及控制主机配合,将家中原有的各种红外遥控器的功能传到红外转发器中,并存储在转发器内,这样,才能将控制主机发出的无线电信号转换为红外线遥控信号,用一个无线电遥控器去控制室内所有的空调、电视机、DVD 影碟机、功放、音响、有线数字电视机顶盒等红外线遥控产品。

(3)主机控制。主机控制是指智能家居系统的各种控制均由控制主机完成。控制主机是本地控制与远程网络控制的关键设备,它通过室外的互联网、GSM 网和室内无线网,对输入的信号进行分析处理后,形成新的输出信号(各种操作指令),再通过室内无线网发出,完成灯光控制、电器控制、场景设置、安防监控、物业管理等操作,在紧急情况下可通过室外互联网、GSM 网向远端用户手机或电脑发出家里的安防信息。控制主机相当于智能家居的“指挥部”,所有的控制操作都由它指挥,这种控制方式称为主机控制。

(4)电脑或平板电脑控制。电脑或平板电脑控制是指利用电脑或平板电脑下载安装控制主机生产厂家提供的专用软件后，再用电脑或平板电脑和控制主机配合，完成所有操作功能。这种控制方式需要登录智能控制主机软件才能实现，不同厂家生产的控制主机，其控制软件均不相同。

2. 远程网络控制

远程网络控制一般是指在远离住宅的地方，通过电话机、智能手机及外部网络对家电进行的控制操作。

用智能手机与平板电脑控制智能家居的方式类似，也是先要下载安装控制主机生产厂家提供的专用软件。

3. 定时控制

定时控制是指在控制主机内事先对家中的固定事件进行编程固化，例如，定时开关窗帘，定时开关热水器等。电视、音响、照明、喂宠物等均可设定时控制。如早晨，当您还在熟睡时，卧室内的窗帘会准时自动拉开，温暖的阳光轻洒入室，轻柔的背景音乐慢慢响起，呼唤全新生活的开始；当您起床洗漱时，微波炉（电饭煲）已开始烹饪早餐，洗漱后就可享受营养早餐；早餐完毕不久，背景音乐自动关闭，提醒您赶快上班，随后将室内所有的灯和主要电器全部断电，安防系统自动布防，这样就可以安心上班去了。当您和家人外出旅游时，可设置主人在家的虚拟场景，定时开关灯和一些电器，给不法分子造成家中有人的假象。

4. 一键情景控制

一键情景控制是指将家中灯光、窗帘、空调和其他家用电器的若干个设备任意组合，形成一个自定义的情景模式，然后按下任一情景模式键，便可按预先设定的情景模式开启灯光、窗帘、空调或其他家用电器。

如按下“晚安情景”，楼上、楼下的灯光、窗帘全部关闭，电器设备的电源自动切断，就可以安心地入睡了。深夜，老人起夜，按下“起夜情景”键，卧室的灯光开启，通往卫生间的地灯也随之点亮，回来时灯光随脚步关闭，老人也可安心入睡。

5.2 控制主机系统

控制主机是智能家居的核心设备，它在智能家居系统中充当一个翻译器，是家庭网络和外界网络沟通的桥梁，它能够对各类信号进行无线转发和无线接收，从而实现对智能终端产品的控制。

5.2.1　近程智能中控系统

近程智能中控系统是一个能够将智能产品控制在手机中的智能控制系统，该控制系统由近程新二代智能中控主机、语音控制分机、双向反馈触摸屏开关、红外控制分机四部分组成，每部分的功能如图 5-1 所示。

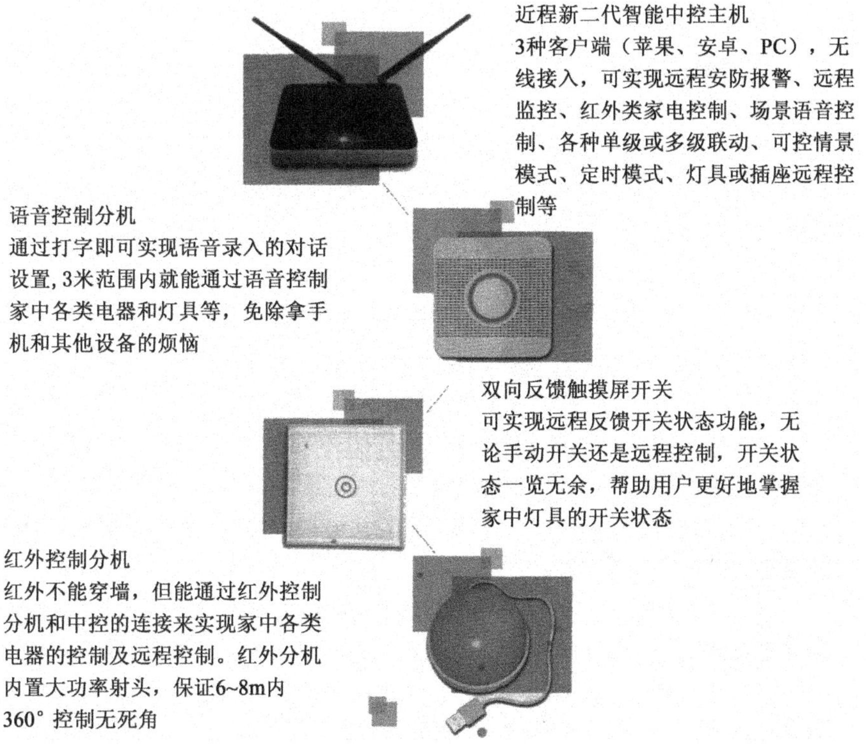

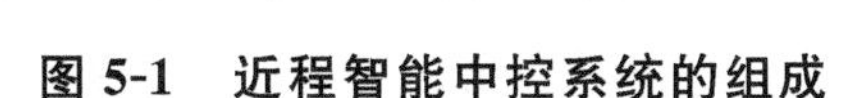

图 5-1　近程智能中控系统的组成

1. 控制功能

近程智能中控系统有多种控制功能，主要包括以下几种。

（1）家电设备控制。近程智能中控系统能够控制家电设备，如电视、空调等，让用户无论身在何处，只要拿出手机，就能一键控制家中的电器。

（2）灯光控制。对灯光的控制是无论用户身在何处，通过手机就能一键控制。

（3）智能媒体控制。近程智能中控系统能够将数字电视机顶盒、DVD 唱机等影视音响设备进行集中控制，让用户无阻碍地实现客厅、餐厅、卧室等多方面的智能影音共享。

(4)监控防盗控制。无论用户身在何处,都能通过手机,一键开启安防监控摄像头,并随时随地查看家中的状况。同时,智能安防系统也与公安系统有联网作用,可以及时报警。

2. 情景预设

近程智能中控系统可以按照用户的需求进行多种情景预设,譬如起床模式、阅读模式、音乐模式、离家模式等。

(1)起床模式预设。用户可自行定义起床模式,例如,定时在早上8点,背景音乐会自动播放起床音乐,卧室窗帘会自动打开,电视机自动播放早间新闻。除此之外,用户还可以根据自己的早起习惯加入其他功能。

(2)阅读模式预设。如果用户想要工作看书,只要将情景模式切换至阅读模式,电视机就会自动关闭,音乐自动关闭,灯光调节到适宜看书的光线,近程中控系统让用户尽情畅游在书海中。

(3)音乐模式预设。利用近程中控系统进行音乐模式的预设,当用户在家无聊想听音乐时,只需一键就能开启背景音乐,不需要的照明通通关闭,灯光调节到一定的亮度,用户可以尽情徜徉在音乐世界中。

(4)离家模式预设。预设离家模式后,用户在离家出门时,再也不用耽误时间去检查家中天然气、自来水是否已经关闭了,只须在智能系统上下达一个命令,系统就会按照用户的设定,关闭相应的设施,同时,安防系统也会开始布防。

(5)娱乐模式预设。用户可根据自己的喜好设定娱乐模式,例如,躺在沙发上想看电影或玩游戏时,只需一键,就能将家中的窗帘关闭,灯光自动调节到舒适的亮度,家庭影院和游戏全面开启,可以与家人一起享受娱乐时光。

(6)睡眠模式预设。用户可根据自身情况预设睡眠模式,例如,所有房间的灯慢慢熄灭,背景音乐关闭,电视关闭,安防系统开启布防,让用户在舒适安全的环境下渐渐入睡。

(7)远程监控模式预设。用户无论何时何地,都可以用电脑或手机,通过互联网对家中的情况进行远程监控。

(8)照护模式预设。如果家中有老人需要照护,可以开启照护模式,例如,家中的传感器随时检测家中环境的温湿度、空气质量,并联动其他家电设备,确保家中温湿度适宜、空气质量良好,同时,还能随时开通语音通话,让用户无论身在何地,都如同陪伴在老人身边一样。

5.2.2 LifeSmart 智慧中心

LifeSmart 是一个组合套装，在 LifeSmart 智能家居安全组合套装中，所有的智能设备运行都必须有智慧中心的配合才能使用，如图 5-2 所示。

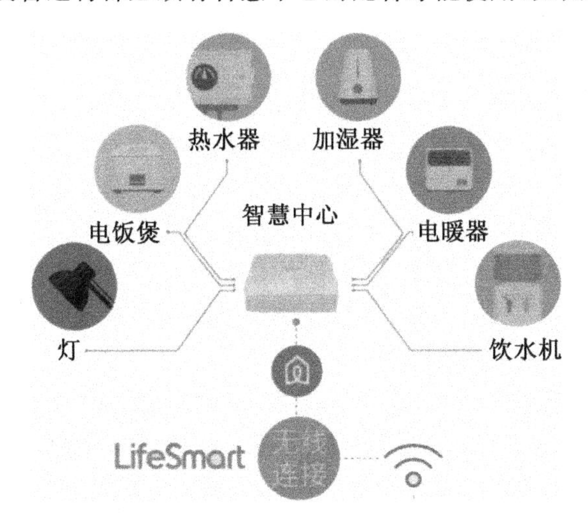

图 5-2　LifeSmart 智慧中心

LifeSmart 智慧中心也是 LifeSmart 组合套装中的中控主机，它能够与手机 APP 以及其他智能设备相连，可以同时支持 500 个智能设备，信号覆盖面积达到 $300m^2$。

LifeSmart 智慧中心的作用主要体现在实时监控、安防报警、智能门禁、双向对话等几个方面。

(1)实时关爱家人。用户在外若不放心家中的小孩和老人，可以打开手机，通过控制主机、互联网、无线摄像头等设备与家中的亲人进行实时通话，查看他们的最新动向。

(2)智能门禁。用户可以通过手机，查看家中房门开关状态，如果出现异常情况，手机 APP 会发出警报，并将监控视频发送到用户手机。

(3)安防报警。若家中出现可疑人物，动态感应器能够红外检测家中的异动，将可疑照片发送到用户的手机。

(4)支持第三方扩展。LifeSmart 智慧中心可以与任意 LifeSmart 智能设备进行联动，除此之外，还能同时与其他第三方智能设备进行联动，实现多种组合，自动工作。

5.3 照明智能控制系统

5.3.1 照明智能控制系统的组成

照明智能控制系统主要应用在酒店、体育馆、医院和路灯照明等部门，也是智能家居的重要组成部分。照明智能控制是指用智能开关面板直接替换传统的电源开关，用遥控等多种智能控制方式实现对住宅内所有灯具的开启或关闭、亮度调光、全开、全关以及组合控制的形式，实现“会客、影院”等多种灯光情景效果，从而达到照明智能的节能、环保、舒适和方便的功能。其中控制方式包括触摸面板、遥控器控制、智能手机控制、电话远程控制、定时控制和平板计算机网络控制等。

照明智能控制系统主要由智能移动终端(智能手机或平板计算机等)、控制模块、环境光传感器与智能开关等组成，如图 5-3 所示。其中控制模块是一款功能精简的智能家居控制主机，它安装好相关软件后，可轻松控制灯光、窗帘和电器等设备；环境光传感器可以感知室内光线情况，并告知控制模块自动调节室内亮度，降低照明电能消耗；智能开关包括调光面板、情景控制面板与随意贴面板，它们可手动或受控制模块控制室内的灯光或不同灯具的组合。

图 5-3 照明智能控制系统组成示意图

5.3.2 控制开关系统

控制开关系统是智能家庭生活中必不可少的系统，目前生活中应用得最多的有智能灯光开关面板和调光面板，智能开关面板一方面与普通开关一样，用户轻轻用手触摸一下，就能控制各类情景和设备；另一方面，智能开关面板能够接收控制主机发布的指令，从而实现灯光设备的控制。

1. MTD智能触摸开关

MTD智能触摸开关可以直接替代原有的墙壁开关，能够实现用户手动开关灯、遥控开关灯等，还可配合智能主机进行情景模式的控制。

MTD智能触摸开关的屏幕是LED显示屏，面板材料采用钢化水晶玻璃，时尚、防刮且永不褪色，造型简约大气，使用起来安全又可靠。

智能触摸开关具备如下几大特点。

(1)使用寿命长。智能触摸开关采用进口高规格阻燃PC(Polycarbonate，聚碳酸酯)，与普通的开关相比，防火功能极佳。

(2)速度快。智能触摸开关拥有0.01s触摸响应速度，同时，经过10万次以上的触摸使用，证明零静电效果，用户可以放心使用。

(3)容易清洁。因为智能触摸开关面板采用的是钢化玻璃材料，因此非常容易擦拭清洁。

(4)湿手可操作。智能触摸开关不受潮湿环境影响，用户用湿手也可以操作使用。

2. 力沃遥控开关

力沃遥控开关也是一款灯光控制开关，它拥有十路遥控控制能力，这十路遥控控制能力分别如下。

(1)两组房间控制功能。遥控开关右上角有两组房间控制开关，分别为房间一和房间二，用户可以在任何地方控制这两个房间的灯光。

(2)两组调光控制功能。遥控开关具备两组调光控制，用户可以随心所欲地调控灯光的亮度。

(3)四组情景模式设置。遥控开关具备四组情景模式设置，如休息模式、娱乐模式、阅读模式等，用户可以根据自己的喜好进行情景模式设置。

(4)一组自动休眠模式。遥控开关待机20s后就会自动进入休眠模式。

(5)一组超长待机模式。遥控开关只需两节AAA电池，待机时间就能长达一年，因此，其最后一组功能是具备超长待机时间。

5.4 万能遥控器系统

在智能家居中，万能遥控器的主要功能是让用户脱离控制主机，直接对家中的电器、灯光进行组合控制，同时能进行场景设置、远程遥控、预约定时等，与普通遥控器相比，万能遥控器是采用 315MHz 或 433MHz 的射频进行遥控的，具备一键控制多个功能组合的能力。

5.4.1 博联万能遥控器

博联万能遥控器是一款智能遥控器，它在智能家居中发挥着重要的作用。

(1)性能稳定。万能遥控器采用 315MHz 或 433MHz 射频遥控，射频信号稳定且覆盖广，直线红外控制距离为 8～15m。

(2)定时控制。用一部智能手机，就能控制家中所有电器，万能遥控器具备定时控制功能，用户只需简单设置即可，例如，早上醒来窗帘自动拉开、出门家中电器自动断开、下班回家之前家中空调自动开启、回到家就能看到自己喜爱的电视等。

(3)云端备份。万能遥控器与手机绑定，当用户绑定好账号后，就能将数据上传至云端，这样，即使更换了手机，也能同步原有的信息。

(4)安装简单。无论是安卓手机还是苹果手机，都能够轻松安装关联 APP，只需输入 Wi-Fi 密码，30s 即可将家电设备和遥控系统一键配置联网。

5.4.2 巢控遥控器

巢控遥控器是一款能够用微信控制的万能遥控器，它外观简洁大方，使用便捷，集多种功能于一身，是家居生活的必备神器。

(1)万能遥控。以前，人们客厅中总是摆满了各种遥控器，现在，有了万能遥控器，用户只需要一部手机，就能遥控所有家电，出门在外，还能通过手机远程控制。

(2)微信控制。如果觉得下载 APP 太占手机内存，用户还可以通过微信来进行操作。

(3)环境感知。万能遥控器内置温湿度、光照度传感器，能够实时检测用户家中的环境，给用户提供一个健康的家居环境。

(4)智能联动空调。万能遥控器可以智能联动空调,在设定时间内,当遥控器感知到室内温度超出用户设定值时,会自动开启空调进行调温,给家人最舒适的环境温度。

(5)智能小夜灯。万能遥控器具备 RGB 真彩三基色、6 种预设模式、256 级灰度渐变色、1600 万种色调,可远程控制灯光,随意调色。

5.5　窗光敏传感器与智能帘的联动

窗帘控制电动机是用来控制窗帘的打开或关闭的,窗帘控制电动机有三根电源控制线,一根是正转相线、一根是反转相线、一根是零线,当 220V 交流电的相线与正转相线连接后,电动机正转;当 220V 交流电的相线与反转相线连接后,电动机反转;当 220V 交流电的相线与正转相线和反转相线都不连接的时候,电动机停止转动。

5.5.1　杜亚智能电动窗帘

杜亚智能电动窗帘电机是一款家居智能窗帘电机,如图 5-4 所示,它能控制家中窗帘的打开或关闭。

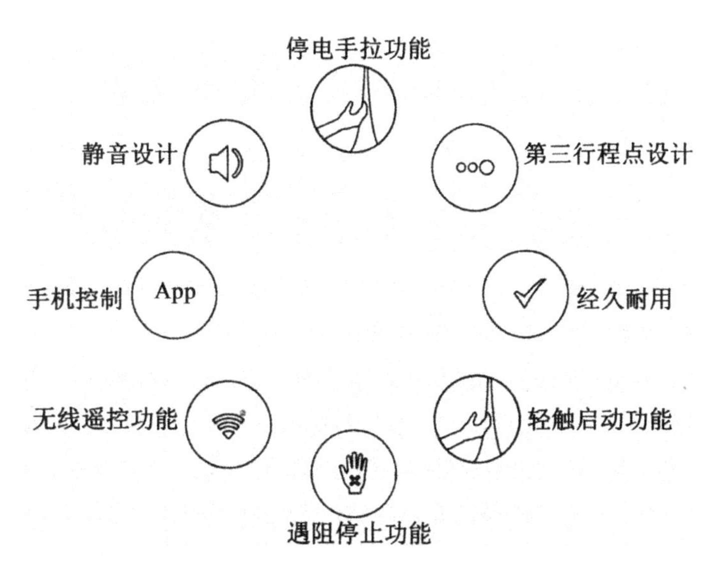

图 5-4　电动窗帘电机的主要特征

(1)主要特征。电动窗帘电机共有8大特征,如图5-4所示。

(2)手机控制。用户通过手机APP就能直接远程控制电动窗帘电机。

(3)遥控控制。电动窗帘电机有多种控制方式,当用户在家的时候,也可以用遥控控制。

5.5.2 卓居电动窗帘

卓居电动窗帘的功能特征如下。

(1)减震。电动窗帘内置悬挂减震系统,能有效降低噪声,电机运行的噪声低于35dB,远低于其他普通电机。

(2)停电手拉设计。当停电时,电动开合窗帘依然可以像普通窗帘一样进行手动开合,保证用户的正常使用。

(3)变速设计。电动窗帘采用"慢启动、慢停止"的设计,窗帘通电后,会缓缓运行,不会因突然的碰撞发出噪声。

(4)多重控制方式。电动窗帘有两种控制方式,分别是手持遥控器控制和墙壁遥控器控制。

1)手持遥控器控制。手持遥控器能够控制四组电动窗帘。

2)墙壁遥控器。墙壁遥控器是安装在墙上的一种电动窗帘遥控器,能够控制两组电动窗帘。

5.6 家用电器智能控制与能源管控

5.6.1 家用电器智能控制与能源管控系统的组成

1. 家用电器控制系统的组成

家用电器智能控制与智能照明控制类似,不同的是受控对象不是灯具而是家用电器,如对家里电视机、功率放大器、空调、电热水器、电饭锅、饮水机和投影机等家用电器进行智能控制,可避免饮水机在夜晚反复加热影响水质;在外出时可关闭插座电源,避免电器发热引发安全隐患以及对空调、地暖进行定时或者远程控制,让用户回家后马上享受舒适的温度和新鲜的空气。

电器智能控制一般分为两大类,一类是原来可用红外遥控器控制的家用电器，如电视机、空调等，这类家用电器是在控制主机“指挥”下，将原来红外遥控器的功能“学习”到红外线转发器，通过红外线转发器去控制家用电器；另一类是由控制主机直接用无线电信号去控制家用电器的电源插座，如热水器、电饭煲和饮水机等。电器智能控制系统的组成示意图如图 5-5 所示。

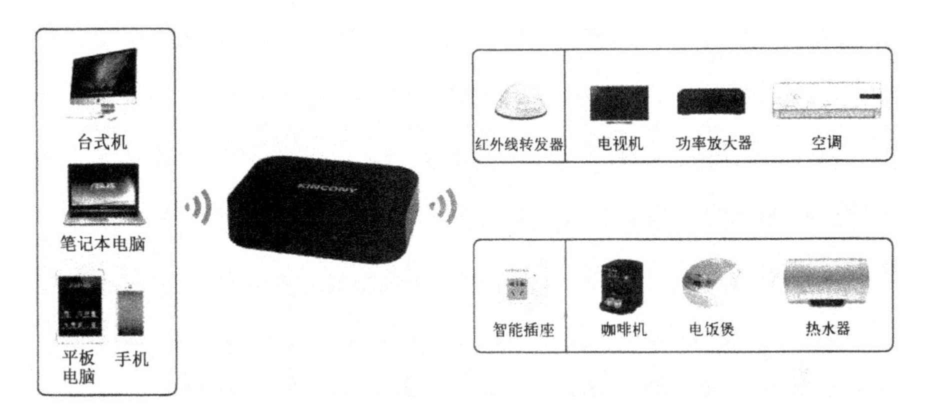

图 5-5　电器智能控制系统的组成示意图

2. 家庭能源管控系统的组成

家庭能源管控系统是智能家居不断发展的产物，也是智能家居的众多子系统之一。社会经济的快速发展致使人们对电力的需求日益增加，如何节约用电、科学用电、管理用电，有效地控制家庭能耗是智能家居需要研究的课题。如在家庭用电上，可以监测能耗。用电高峰期时，可以有选择性地使用家用电器，优先使用功率较小的家用电器。同样，可以检测何时电费较低，这时可以集中使用家用电器，节约电费。与此同时，家里的用电情况都可以随时观测，也可以通过远程控制计算机、智能手机、平板电脑等进行实时监控。

家庭能源管控系统一般由智能电能表、无线智能插座、无线路由器、智能控制主机等智能设备及室内无线网络组成，如图 5-6 所示。常用家庭大功率电器，如热水器、电磁炉、冰箱、空调等，只需将其电源线直接插在无线智能插座上，使其能正常工作，就可记录下这些电器的实时能耗。无线电源插座上的数据信息可以通过无线协议 IEEE 802.15.4E，由无线路由器发送给控制主机。控制主机把数据信息进行协议转换成以太网数据帧格式后通过交换机把数据帧转发给室内智能电能表和本地服务器。室内智能电能表在接收到数据帧后，对家电能耗信息数据进行分析并显示在液晶屏面上。

本地服务器同样通过以太网获取家电能耗数据，对数据帧进行解析后存储在本地后台数据库，同时构建远程访问网页，这样远程计算机、3G 手机、平板计算机在联网的情况下，通过 TCP/IP 访问本地服务器获取能耗数据以及发送控制命令，控制命令通过本地服务器由以太网发送给控制主机，由控制主机发送给无线路由器，再发送给无线智能插座分析控制命令并执行操作，这样就实现了 IEEE 802.15.4E 网络的无线智能插座组网和远程能源监控。

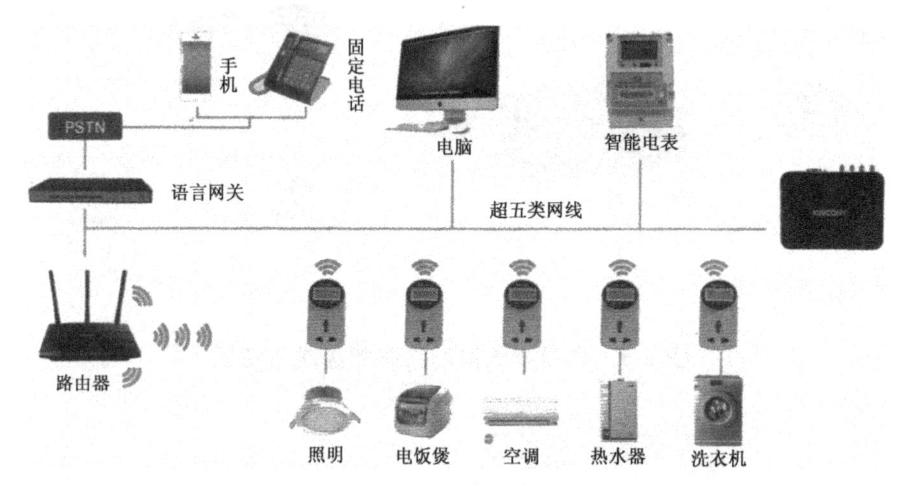

图 5-6　家庭能源管控系统组成示意图

5.6.2　家庭节能措施

家庭节能措施主要有以下几种：

(1)科学选用电光源是照明节电的首要问题。如荧光灯比白炽灯节电；节能荧光灯比普通荧光灯节电；细管径荧光灯(如 T8、T5 荧光灯等)比粗管径荧光灯(如 T12 荧光灯等)省电；三基色荧光粉比普通卤素荧光粉荧光灯节电。

(2)利用声光控延时开关，合理控制照明时间。做到随用随开，人离关灯。

(3)根据家用电器上“中国能效标识”，在价格相同时，优先选用节能产品。

(4)将家用电器设定优先级别。当家庭用电量超过额定负荷时，可根据设备优先级别关闭相应的设备，达到节能目的。

(5)夏季宜把室内空调的温度设置在 27～28℃。

(6)合理选择电冰箱的安放位置,因环境温度与电冰箱的耗电量有关;正确调整电冰箱的温度,以减少耗电。

(7)洗衣机的耗电量取决于电动机的额定功率和使用时间的长短。电动机的功率是固定的,适当地减少洗涤时间,便可节约电能。另外洗衣机有强、中、弱三种洗涤功能,其耗电量也不一样。

(8)根据家庭人口及使用情况选择适当功率的电磁炉,一般不宜选用功率太大的电磁炉。

(9)微波炉启动时耗电量大,使用时应掌握好时间,减少重复开关次数,做到一次烹调完成,达到节电效果。

(10)电热水器的水温设定得当,不仅可节省电能,而且可延长电热水器的使用寿命。

5.6.3　家用电器智能控制与能源管控系统设计

1. 家用电器的控制方式

目前家用电器的控制方式主要有手动控制、机械定时控制、遥控器控制和微型计算机控制等。

(1)手动控制。手动控制是以前大多数家用电器采用的控制方式,将家用电器插上电源后,用手按下电源开关,家用电器便可正常工作,如电热水壶、电火锅和电吹风等。

(2)机械定时控制。机械定时控制是在家用电器内安装机械定时器,将家用电器插上电源后,用手旋转定时器,设置电器工作时间,电器在超过工作时间后,会关断电源或进入保温状态,如电饭锅、电风扇等。

(3)遥控器控制。遥控器控制是用红外线遥控器控制家用电器的工作,如空调、电视机、影碟机和数字电视机顶盒等。

(4)微型计算机控制。微计算机控制也称为全自动控制,它是近期生产的家用电器采用的控制方式,利用家用电器内部的单片机,事先设计好各种工作程序,将家用电器插上电源后,按下“功能”键,便可正常工作。如洗衣机、微波炉和豆浆机等。

2. 家用电器智能控制设计

家用电器智能控制设计是在不改变现有家用电器控制方式的基础上,由控制主机来统一控制室内各式各样的家用电器。

家用电器智能控制系统主要是由硬件与软件两部分组成,软件部分集成在控制主机内部，一般由生产厂家完成。硬件部分主要有控制主机、智能插座和红外线转发器等。

智能插座目前有三种，第一种是基于射频无线控制的单向控制智能插座，即电源插座只能接收控制主机的控制信息。第二种是基于 ZigBee 无线组网的双向控制智能插座，即电源插座不仅能接收控制主机的控制信息，而且能将家用电器的开关状态、工作参数返回控制主机，控制主机收到返回信息后再进行分析与处理。如电源插座能随时将电源电压的数值传给控制主机，控制主机可在电源电压不稳时，自动断电，并给用户发出报警提示。第三种是 Wi-Fi 无线智能插座，其不同之处见前面介绍。

红外线转发器的作用前面有介绍，它是家用电器智能控制系统中不可缺少的设备，通过它可用一部智能手机或平板电脑替代原有的各式红外线遥控器，如以前用户看电视节目，需要使用电视机遥控器、数字电视机顶盒遥控器，有时还要用 DVD 遥控器等，采用家用电器智能控制系统后就省掉学习使用众多遥控器的烦恼，轻松掌控家中的各种电器。

家用电器智能控制系统不仅可方便实现一机随便遥控室内各种电器，还可以实现家用电器远程控制。即在任何时候、任何地点都可以用手机或者平板电脑，通过互联网、手机无线网络和家庭网络对家里的空调、洗衣机、电视机、微波炉和电磁炉等进行开关控制。如在回家的路上，就可以利用手机打开家里的空调或电热水器等，这样进门后就有一个舒适的生活环境。

家用电器智能控制系统还有一个特点是一键多机控制或与灯光组合为情景控制，还可与控制主机配合实现家用电器远程情景控制。

家用电器智能控制设计要根据室内家用电器的分布，设计安装好智能电源插座和普通电源插座，采用红外线转发器控制的家用电器，如空调、电视机等可安装普通电源插座，但先要配合控制主机将空调、电视机原有的红外线遥控器“学习”到红外线转发器上，这样在手机上就会出现原有红外线遥控器上的相对应按键。

3. 家庭能源管控系统的设计

搭建家庭能源管控系统一般需要智能控制主机、智能插座、智能电能表、智能水表、智能气表、智能热表、智能家电等设备，下面以 3 室 1 厅住宅为例，介绍搭建一个包括客厅、厨房、老人房、卧室以及书房的真实家居环境。根据家居情况以及电器分布情况，选择了厨房的电磁炉、卧室的空调以及卫生间的电热水器进行设备能耗测试和组网测试。如图 5-7 所示，在室内各房间安装智能插座，在客厅安装无线路由器控制主机，在入户处安装智能电能表等设备，在室外可以通过手机和平板电脑对系统进行管控。

图 5-7　无线能源管控系统搭建图

5.7　温湿度控制系统

温湿度传感器可以实时回传不同房间内的温湿度值，然后根据需求来打开或关闭各类电器设备，如空调、加湿器等。温湿度传感器配合智能家居主机工作，能够远程监控家中的温湿度值，并实现无线联动智能调控。

5.7.1　妙昕温湿度传感器

妙昕温湿度传感器采用 220V 交流电直接供电，即插即用，内部集成高精度传感器，性能稳定。

(1)适用场所。温湿度传感器除了适用于家居环境，还适用于各种场合，如车间、冷库、机房等。

(2)设计特点。温湿度传感器采用双层 LED 防划液晶层以及外接探头，设计十分人性化，同时，外壳采用环保材料，设计贴心，深受人们的喜爱。

(3)接线。温湿度传感器的接线法要根据功率大小来确定。

1)小功率接线方法。小功率接线方法如图5-8所示。

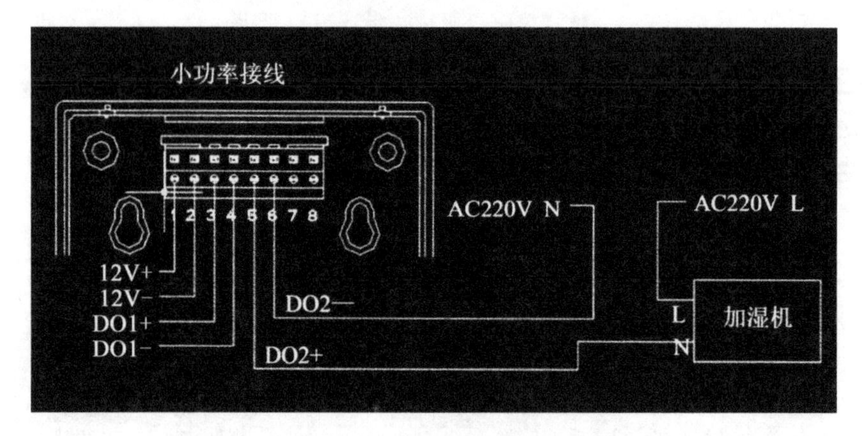

图5-8　小功率接线方法

2)大功率接线方法。大功率接线方法如图5-9所示。

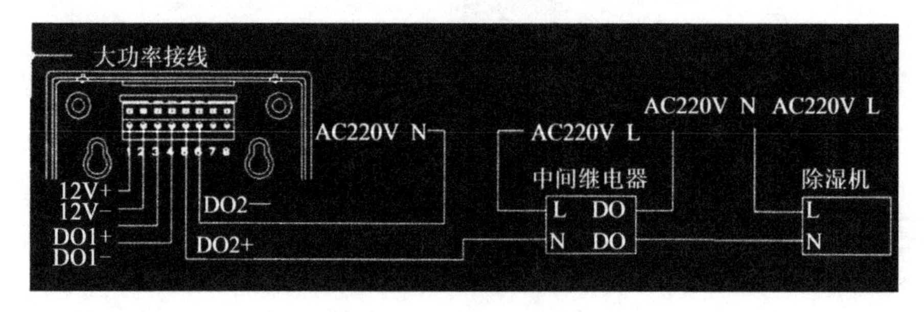

图5-9　大功率接线方法

5.7.2　物联温湿度传感器

物联无线温湿度传感器是基于ZigBee技术构建的新型产品,主要用于检测周边空气的温度和湿度,并通过ZigBee协议,自动向控制中心发送测定数据,同步到移动智能终端。无线温湿度传感器广泛应用于智能家居系统中,用户可以将其安置在客厅的天花板上。

第 6 章 智能家居安全防范技术

随着时代的发展,社会的进步,人们的生活质量也逐步提高。在享受生活之余,家居安全成为人们非常关心的事情。

6.1 智能家居安防报警系统

6.1.1 家庭安防报警系统的组成

智能安防报警是智能家居系统中必不可少功能,是指为家庭设备与成员的安全而安装的防护保全与报警系统,它包括智能移动终端(智能手机或平板电脑等)、控制主机、红外探测器、网络摄像机、可燃气体探测器、烟雾探测器、门磁、窗磁、玻璃破碎探测器、视频服务器、紧急按钮、门禁和可视对讲等。一套完善的智能家居安防报警系统可确保每一个用户的生命及财产的安全,家庭安防报警系统的组成示意图如图 6-1 所示。

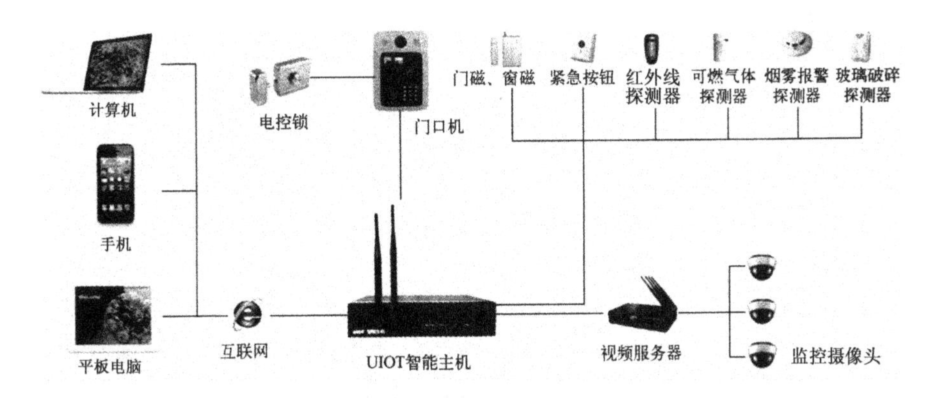

图 6-1 家庭安防报警系统的组成示意图

6.1.2 智能安防报警系统传感器

红外线探测器是一款常见的安防产品。将红外线探测器安装在门口、窗户的上方或旁边，当有人非法接近住宅时，报警系统就会给设定的手机、平板电脑等发送报警信息。

红外线探测器按工作原理可以分为被动式红外线探测器和主动式红外线探测器。

1. 被动式红外线探测器

人体红外线感应报警器使用的是被动式红外线探测器。被动式红外线探测器的优点如下：传感器不发任何类型的辐射信号，功耗很小，隐蔽性好，造价低；被动式红外线探测器也有缺点：容易受各种热源、辐射源的干扰，被动式红外线探测器穿透力差，人体的红外线辐射容易被物体遮挡，不易被探测器接收，容易受到射频辐射的干扰，当人体的温度和现实环境的温度相差不大时，被动式红外线探测器的敏感度就会下降，有时会有失灵的现象。

2. 主动式红外线探测器

主动式红外线探测器是利用光的直线传播特性来检测入侵的设备，由光发射器和光接收器两部分组成，接收器、发射器分别安装在门或者窗的两侧，在接收器、发射器之间形成一道光线警戒线，当入侵者触碰到这条警戒线时，阻挡了部分光线，接收器接收不到光信号的时候就会触发报警信号。

红外线人体探测器的工作原理如下：人类是恒温动物，自身会发出波长10μm左右的红外线，这种人类自身发出的红外线就是被动式红外线探测器工作的依据。通过菲涅尔滤光片增强后的红外线信号被聚集在红外线感应源上，红外线感应源一般采用热释电元件，在接收到人体辐射的红外线后会发生电荷失衡的现象，向外释放电荷，在电路中监测这种电荷变化后就可以发生报警信号。

安防监控系统也是智能家居中非常重要的部分，家庭住宅一般有保安中心，各个安全监控子系统和控制设备都布置在保安中心，在这里能实时显示各个区域的传感器的报警状态和性质，实时监测，便于主机集中控制。当有警报发生时，家庭智能终端将根据具体情况进行相应的操作：警铃启动，联动报警。

6.1.3　家庭安防子系统的组成

家庭安防子系统由各种前端报警探测器、控制主机、网络摄像机、读卡器和门禁控制器等组成。前端探测器可分为红外线感应探测器、门窗磁探测器、可燃气泄漏探测器、烟雾(火警)探测器、玻璃破碎探测器、幕帘探测器、二氧化碳监测器、水浸监测器和紧急按钮等。

6.1.4　家庭监控子系统的组成

家庭监控子系统主要实现视频监控与安防看护,包括家庭内部情况的监视和远程实时监控。该子系统由红外线高清网络摄像头、监视器、记录设备、网络接入设备以及报警接口模块等组成,由于家庭电脑的普及应用和宽带的广泛使用,目前广泛采用了网络摄像头＋网络保留＋网络传输＋短信或手机报警方式。

6.1.5　可视对讲子系统的组成

智能家居可视对讲子系统一般由门口机、室内机和电源组成。

门口机根据使用户数的多少,一般分为单户型、单元型(多户型)和大楼型三种。别墅型智能家居一般有一至两台门口机,户内每层至少一台室内机。

高清彩色可视室内机一般具有以下功能。

(1)可视对讲/呼叫。可与管理中心机进行相互呼叫(管理中心机需单独配置摄像头);可与门口机的访客进行可视对讲,增加了一层安全保障。

(2)监视设置/安防监控。可对门口机的摄像头前面可视范围内进行监控。

(3)远程开锁。室内机振铃的同时显示来电的画面,点击“开锁”按钮,即可开启小区门口或家门口的锁,若开锁成功则主机提示“开锁成功”。

(4)防区报警。可设置外出模式、夜间模式;也可解除外出、夜间的状态;电子地图布防、局防和撤防;用户主动报警或在发生警情时的联动报警。

可视对讲子系统的电源一般采用专用的电源适配器。

6.2 门禁控制系统

门禁系统又称进出管理控制系统或通道管理系统，用于管理人员进出，是一种数字化智能管理系统。使用这种智能管理系统不用再像过去那样通过机械钥匙开门，而是通过刷卡、密码或者指纹的方式开门。

6.2.1 传统门锁与韦根协议

1. 门锁的作用及种类

门锁就是用来把门锁住以防他人打开这个门的设备，这种设备可能是机械的，也可能是电动的。目前，市场上最常见的传统机械锁主要有挂锁、弹子锁、插芯门锁、球形锁、叶片锁5大类。

随着现代科学技术的发展，形形色色的锁不断涌现。20世纪70年代，英国研制出了磁力锁，奥地利设计出了磁性编码锁，一些国家利用电子技术陆续研制出了电子卡片锁、电子遥控锁、光控锁、指纹锁等，甚至将生物技术也运用到了制锁行业。

2. 韦根协议

韦根(Wiegand)协议是国际上统一的标准，是由摩托罗拉公司制定的一种通信协议。它适用于涉及门禁控制系统的读卡器和卡片的许多特性。它有很多格式，标准的26-bit应该是最常用的格式，此外还有34-bit、37-bit等格式。而标准26-bit是一个开放式的格式，这就意味着任何人都可以购买某一特定格式的HID卡，并且这些特定格式的种类是公开可选的。26-Bit格式就是一个广泛使用的工业标准，并且对所有HID的用户开放。几乎所有门禁控制系统接受标准的26-bit格式。韦根26是一种通信协议，类似于MODBUS、TCP/IP。

韦根协议又称韦根码。韦根码在数据传输中只需要两条数据线：一条为DATA0，另一条为DATA1。协议规定，两条数据线在无数据时均为高电平，如果DATA0为低电平，则代表数据0；如果DATA1为低电平，则代表数据1(低电平信号低于1V，高电平信号大于4V)。

6.2.2　电动门系统

电动门就是通过电动机驱动的各种门，按所使用电动机的类型，可分为直流门和交流门；按门体结构，可分为电动伸缩门、伸缩门、电动折叠门、悬浮门和常规电动门；按“电动类型”，可分为普通型、机电一体化型和智能一体化型。其工作原理如图6-2所示。

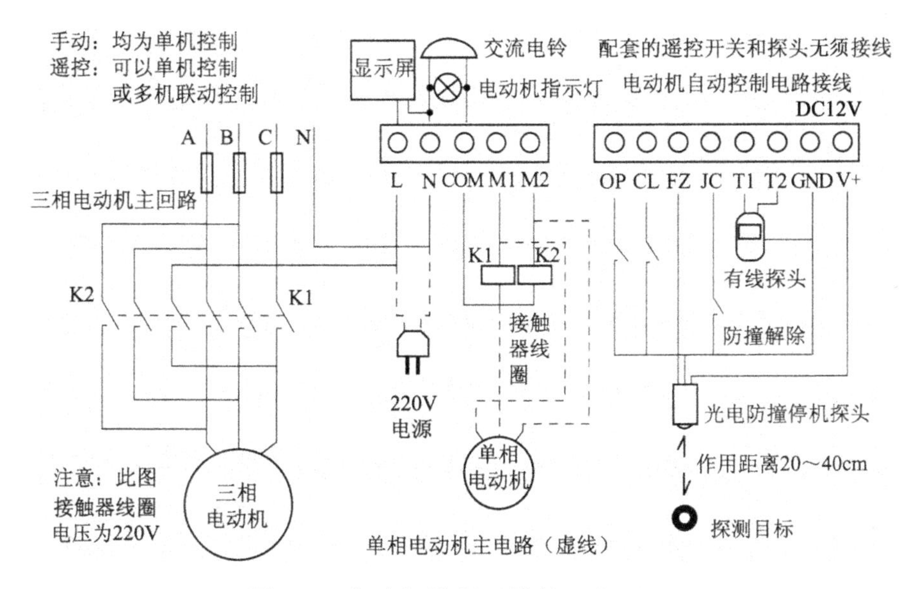

图6-2　电动门控制系统的工作原理

电动门常见的控制方式有以下几种：

(1)有线控制盒。联线控制。

(2)无线遥控。常见的433Hz无线遥控手柄控制。

(3)外部系统控制(如电动门自动放行系统)。通过嵌入式控制系统或者计算机控制，例如，计算机自动识别车辆号牌，自动开门。

电动门控制器是一种采用数字化技术设计的智能型多功能手动、无线遥控两用电动门控制器。电动门控制器具有良好的智能判定功能和很高的可靠性，是当前电动伸缩门系统中首选的自动控制设备。

电动门系统应根据使用要求来配备与电动门控制器相连的外围辅助控制装置(如开门信号源、门禁系统、安全装置、集中控制等)。必须根据建筑物的使用特点、通过人员的组成、楼宇自控的系统要求等合理配备辅助控制装置。

如果说对电动门的性能和质量要求最高的是在使用频率极高的大型公共区域,那么对电动门功能要求最高的是对进出人员进行选择的非公共区域。门禁系统是对入门授权的识别。在识别或检测入门授权通过以后,向电动门的控制系统提供开门信号。电动门控制系统的工作流程图如图 6-3 所示。

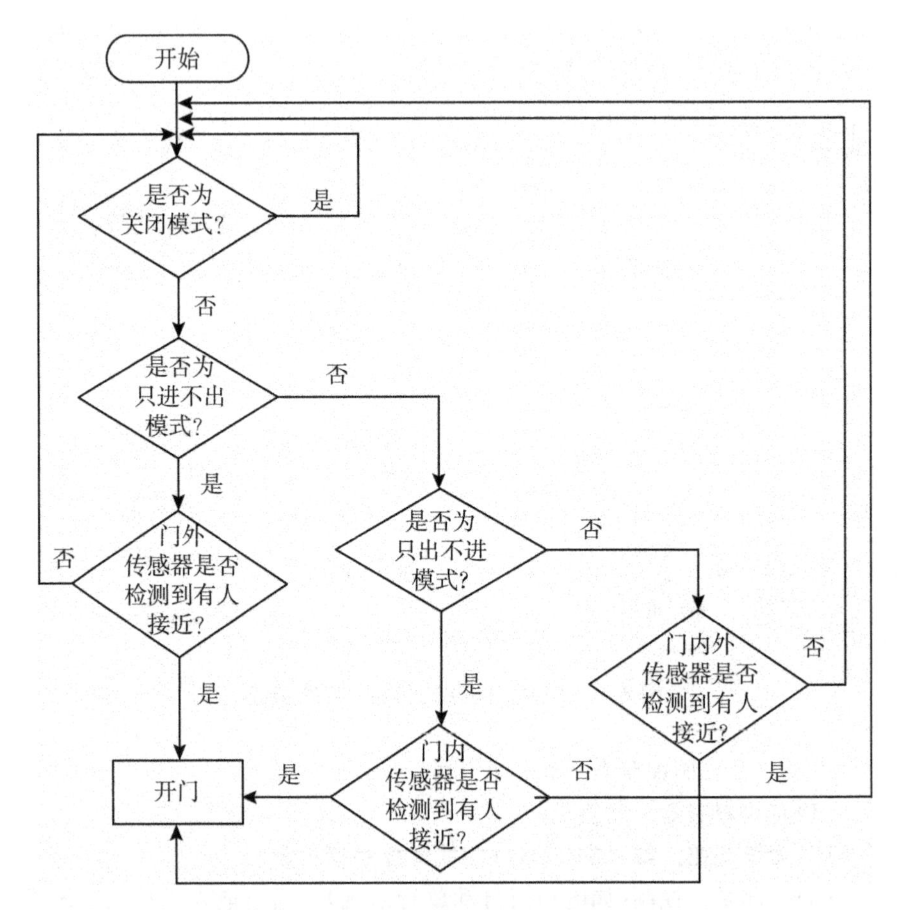

图 6-3　电动门控制系统的工作流程图

6.2.3　门禁控制的实现方式

门禁控制系统可对建筑物内外正常的出入通道进行管理,既可控制人员的出入,也可控制人员在楼内及其相关区域的行动,它代替了保安人员、门锁和围墙的作用,可以避免人员的疏忽,钥匙的丢失、被盗和复制。

门禁控制系统可以通过在大楼的入口处、金库门、档案室门、电梯等处安装磁卡识别器或者密码键盘来实现，机要部位甚至可采用人体生物特征识别作为唯一身份标识识别系统，只有被授权的人才能进入，而其他人则不得入内。该系统可以将每天进入人员的身份、时间及活动记录下来，以备事后分析，只需很少的人在控制中心就可以控制整个大楼内的所有出入口，甚至可以通过手机进行远程控制，既节省了人力，又提高了效率，也增强了安保效果。

(1)卡片识别。通过读卡或“读卡＋密码”方式来识别进出权限，分为磁卡和射频卡两类。

(2)密码识别。通过检验输入密码是否正确来识别进出权限。

(3)人体生物特征识别。按人体生物特征的非同性(如指纹、掌纹、虹膜、声音)来辨别人的身份是最安全可靠的方法。它避免了身份证卡的伪造和密码的破译与盗用，是一种难以伪造、假冒、更改的最佳身份识别方法。

6.2.4 门禁控制与智能控制对接

一个系统如果具有感知环境、不断获得信息以减小不确定性和计划、产生以及执行控制行为的能力，即称为智能控制系统。智能控制技术是在向人脑学习的过程中不断发展起来的，人脑是一个超级智能控制系统，具有实时推理、决策、学习和记忆等功能，能适应各种复杂的控制环境。

智能门禁系统是指基于现代电子与信息技术，在建筑物内外的出入口安装智能卡电子自动识别系统，通过持有非接触式卡片来对人(或物)的进出实施放行、拒绝、记录等操作的智能化管理系统，其目的是有效控制人员(物品)的出入，并且记录所有进出的详细情况，实现对出入口的安全管理。该系统最基本的功能包含人员发卡、门区设置、进出权限、时段控制、实时监控、记录查询及报表打印等。门禁控制机可以脱机工作，也可以联网管理。

联网型智能门禁控制系统由计算机、通信转换器、读卡器、控制器、卡片、电锁(或红外对射、三辊转闸、自动门)等组成，根据客户需求可加装TCP/IP模块解决大型门禁系统的联网工程。

门禁系统智能控制的实现原理如图6-4所示。

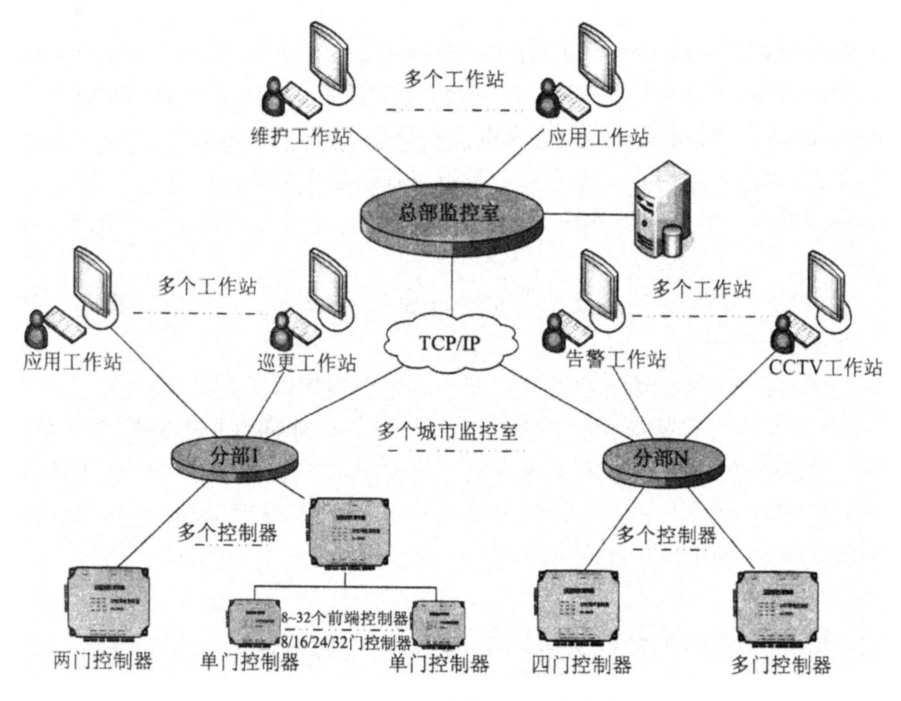

图 6-4　智能控制的实现原理

6.2.5　实例

1. 三星智能锁

三星智能锁是由三星集团旗下的高科技产业首尔通信技术株式会社自主开发的产品，是一款让人们的生活更安全、更舒适的智能产品。

三星智能锁应用第 4 代指纹识别技术，首先认证活体，再识别纹路，用户触摸一下指纹开启键，指纹窗就会自动翻起，同时指示灯亮起，用户将注册过的手指放上去，伴随着悦耳的提示音，锁就会自动开启。

三星智能锁采用推拉式开门方式，用户无须拧把手，只需要推、拉即可，同时，锁还配备了坚固的结构，采用双重保护措施和反黑客技术，能够防止任何强制性的外部入侵，大大提高了住宅的安全性。

三星智能锁分室外锁体和室内锁体两部分。

三星智能锁具备五种开门方式，分别为指纹认证、用户密码、传统机械钥匙、RF 卡、钥匙牌。

三星智能锁的功能包括以下几点。

(1)指纹开锁。三星智能锁采用最安全、最先进的指纹扫描技术,方便用户身份认证,减少钥匙丢失或密码破解的担忧,最多能够登记并识别100个指纹,方式简单又便利。

(2)密码+指纹开锁。三星智能锁能够启用双重验证功能,即密码+指纹的开锁方式。双重认证模式是指用户开门时需要同时输入密码并经过指纹验证才能开锁。

(3)靠近激活。三星智能锁具有靠近激活功能,即传感器一旦监测到有任何运动的物体在70cm范围内,系统机就会自动激活。

(4)通知锁定功能。三星智能锁的室外锁体面板上有一个锁定功能,如果锁定了,就会通知显示"锁定"状态,如果解锁了,就会通知显示"解锁"状态。

(5)静音模式。在夜深人静的时候,用户可以将门锁调节为静音模式。

(6)防盗报警功能。三星智能锁触摸面板上有一个"外出防盗设置"按钮,当用户外出时,想要设置外出防盗功能,只要按下"外出防盗设置"按钮即可。如果有人从窗户或其他通道非法侵入用户的家中,在室内开门时,防盗报警系统就会发出强烈的警报声来提醒居民围堵非法入侵者。

2. 亚太天能智能锁

亚太天能智能锁具备以下特点。

(1)亚太天能智能锁采用锌合金一体成型面板,利用锌合金不生锈、耐腐蚀的特性,让智能锁更加坚固耐用,能抵挡暴力破坏,同时,通过电镀技术保证门锁不氧化、不掉色。

(2)亚太天能智能锁采用分离式锁体结构,即面板与锁体独立分离,经过耐磨测试、抗暴防盗测试等多项性能测试之后,证明当外置面板被破坏时,锁体依然能够正常运行,具备双重防盗功效。

(3)亚太天能智能锁采用指纹识别芯片,拥有10000条开锁记录和最高200个指纹存储量。同时,亚太天能智能锁采用了强穿透性红光指纹头,在用户手指潮湿的情况下,其识别率更高,同时,其识别功能不受镜面刷花的影响。

(4)亚太天能智能锁已经升级双核驱动40nm技术,采用美国A15+A7双芯片,在原有基础上,其性能提升了30%,识别也更精细。

(5)通常,在开锁关锁反复使用过程中,容易因摩擦对门锁造成损耗,长久下去,门锁容易出现故障,而亚太天能智能锁采用高速运转直驱电机,不仅能够更好地避免故障发生,还能有效地防止磁铁因受到干扰而失效。

亚太天能智能锁在设计之初，就采用了多功能设计方案，如滑盖设计、防撬报警设计、LED液晶显示屏、应急电池插孔、密码开锁、指纹开锁、开锁记录查询、锁体甲级防火、防静电冲击、低电报警、应急钥匙开孔等。

6.3 家庭可视对讲系统

可视对讲系统是一套提供访客与住户之间双向可视通话，以图像、语音双重识别方式来增加住宅安全性的安防系统。可视对讲系统不仅能够节省时间，还能够提高效率。更重要的是，一旦与家中其他设备相连后，可视对讲系统就能与住宅小区物业管理中心或小区警卫进行联通，起到防盗、防灾、防煤气泄漏等安全保护作用，为屋主的生命财产安全提供最大限度的保障。

6.3.1 可视对讲系统的内涵

可视对讲系统是采用单片机技术、双工对讲技术、CCD摄像及视频显像技术而设计的一种访客识别电控信息管理的智能系统。

楼门(大门)平时总处于闭锁状态，避免非本楼(住户)人员未经允许进入楼(室)内。本楼内的住户可以用钥匙或密码开门自由出入。当有客人来访时，需在楼门(大门)外的对讲主机键盘上按出被访住户的房间号，呼叫被访住户的对讲分机，接通后与被访住户的主人进行双向通话或可视通话。通过对话或图像确认来访者的身份后，住户主人允许来访者进入，就用对讲分机上的开锁键打开大楼门口上的电控锁，来访客人便可以进入楼内。来访客人进入后，楼门自动闭锁。

6.3.2 可视对讲系统的类型

可视对讲系统按住户数量不同，可分为单户型、单元型(多户型)和大楼型三种。

单户型是指使用门口主机的只有一个住户，一般情况下多为别墅、仓库、厂房等地点，这种主机所对应的用户是唯一的，大多数为直按式主机。

多户型是指使用门口主机的住户在30户以内，一般情况下为一单元多层(10层以下)的楼层式住宅，这种主机所对应的用户数量在2～30户。多户型主机有直按式及数字式主机两种，直按式主机的特点是一按就应，操作方便；数字式主机的特点容量大，操作方式与拨电话一样，界面豪华。

大楼型是指使用门口主机的住户在 30 户以上，一般情况下为高层(10 层以上)住宅中，这种主机一般最大容量在 100 户以上，基本上是数字式主机。

可视对讲系统按设备的工作原理不同，可分数字可视对讲系统和非数字可视对讲系统两种。

1. 数字可视对讲系统

数字可视对讲系统是一种利用宽带网络作为数据传输平台，向用户提供双向视频和双向音频的网络 IP 电话、视频家庭监控、大楼和小区的可视对讲、个人信息存储转发、视频点播等多种信息服务。而且，数字可视对讲系统还可以实现与其他符合 ITU/IP 协议的通信系统互联互通。

(1)数字可视对讲系统的优点。数字可视对讲系统，布线少且较简单，各种信号(音视频、控制)全数字化综合在一起仅用一根网线传输，简化了布线，使系统设备的安装、调试、维护都变得简单。TCP/IP 联网不仅能实现声音、图像、控制等信号的传输，还实现了整幢楼、小区对讲设备全部网络化。

数字可视对讲系统除集成了楼宇对讲、门禁、防盗报警、监控等多种功能外，还解决许多原来模拟技术所不能解决的问题，如户户通话、留影留言、信息接收/发布、家电智能控制、远程控制、多媒体、网上冲浪等。

(2)数字可视对讲系统的组成。数字可视对讲系统通常由单元门口主机、室内分机、管理主机、交换机、电控门锁、电源等组成。

1)门口主机。门口主机是可视对讲系统的关键设备，根据实际使用户数的多少，一般分为单户型、单元型(多户型)和大楼型三种；门口主机的显示界面有液晶及数码管两种，液晶显示成本高一些，但显示内容更丰富；门口主机的操作方式有直按式和数字式两种。

门口主机的功能如下：

可视对讲：客人来访时，可在门口主机拨通住户分机，住户摘话机即可实现双向对讲，并在显示屏幕上看到来访者。

密码开锁功能：实现一户一码制，保证了密码开锁的保密性和唯一性，住户可以随时改变密码。

红外辅助光源、夜间辅助键盘背光显示等。

2)室内分机。室内分机由监视器、控制板、光耦合器件、电锁开关、对讲电路等组成，设有对讲、开锁、监视和呼叫功能按键。安装高度距地 1.40m 左右，电源为 15V 或 12V 直流电源。主要功能有以下几方面。

可视对讲:内码相同的室内分机可互相呼叫对讲,且被门口机呼叫时,其中一台拿起,其他将自动切断。

开锁:被门口主机呼叫后,住户可直接按开锁键开门。

监视:可自动监视系统上的多台门口机。

呼叫:可自动呼叫系统上的警卫门口机;访客可从任何门口机处按呼号键呼叫;住户按分机上的呼叫键,还可呼叫管理主机并通话。

3)管理主机。管理主机可带若干个门口主机和多个副管理机,如JB-2400M型管理主机可带248个门口主机及6台副管理机,这样便解决了小区多个出入口的管理。管理主机可自由选呼各用户分机和副管理机,而副管理机可呼叫管理主机,其他副管理机及用户分机可以进行双向对讲,用户室内分机也可呼叫管理主机,这样就在小区范围内建立了一个通信网络。

管理主机的主要功能如下:

呼叫功能:管理中心可拨通住户分机并与住户实现双向对讲。

监控功能:管理中心可随时对各门口主机进行监控。

接收报警求助:分机可向管理主机报警,管理主机有报警提示并显示报警信息。

抢线功能:管理主机在门口机使用的情况下可抢线呼叫住户。

接下门口机面板上的“保安键”与管理人员通话后,管理人员可按管理主机的“#”键遥控开锁。

4)电控门锁。电控门锁安装在单元楼门上,受控于业主和物业管理保安值班人员。平时锁闭,当确认来访者可进入后,通过对设定键的操作,打开电控门锁,来访者便可进入,之后门上的电控门锁自动锁闭。

5)交换机。交换一词最早出现于电话系统,特指实现两个不同电话机之间话音信号的交换,完成该工作的设备就是电话交换机。所以从本义上来讲,交换机是完成信号由设备入口到出口的转发。交换机内部核心处应该有一个交换矩阵,为任意两端口间的通信提供通路,或是一个快速交换总线,以使由任意端口接收的数据帧从其他端口送出。

2. 非数字可视对讲系统

非数字可视对讲系统的信号传输网络为总线结构。设备从管理主机、小区门口机、单元门口机、室内分机形成自上向下的分级总线结构。管理主机至小区门口机、单元门口机是小区联网主干总线,而单元门口机到室内分机是二级分支总线。无论是主干总线还是分支总线,语音、视频、控制等信号线都需要单独敷设专用线缆,所以线缆种类和数量会较多,这都给系统造价和工程带来麻烦。

非数字可视对讲系统通常由单元门口主机、室内分机、管理主机、视频分配器、双向放大器、解码器、切换器、电控门锁、电源等组成。

门口主机、室内分机和管理主机虽然内部电路不同，但主要功能基本相同。其中视频分配器的功能是对门口主机的视频信号进行放大、分配和隔离，使每个室内分机的图像信号都能达到清晰满意的效果；解码器的功能是对门口主机的呼叫编码进行识别和确认，转换成每个端口的输出并打开对应的视频分配器，使门口主机正确地呼叫每一户室内分机。可对每个端口进行编程定义成所需的房间号码，在工程施工中有很大的方便性。

6.3.3　家庭可视对讲系统实例

1. 天图可视对讲机

天图可视对讲机的特点如下：

(1)可视对讲。一键可视接听，一键可挂机，在待机的情况下还可设置铃声。

(2)一键监控。在无人按铃的情况下也可开启摄像头进行监控，每次监控时间为15s。

(3)一键开锁。可以一键控制电控锁、电插锁和磁力锁打开。

(4)群呼功能。可实现室内机与室内机进行对讲。

2. 朗瑞特可视对讲机

朗瑞特可视对讲机是一款多功能对讲机，它以简洁大气的设计风格、简单的安装方式，深受人们的喜爱。朗瑞特可视对讲机的特征主要包括以下几方面。

(1)16首铃声。朗瑞特可视对讲机拥有16首和弦铃声，铃声饱满圆润，听起来让人如沐春风。

(2)超大显示屏。7英寸的超大显示屏，不但可以自动拍照，还具备清晰的夜视功能，无论是白天和黑夜，都能对来访者一目了然。

(3)广视角镜头。室外机拥有广角镜头，从室内向外看没有任何死角，用户对于门口的情况一览无余。

(4)多级音量调节。室内机设置了多级音量，可根据用户的实际情况随意调节，满足不同人群的需求。

(5)环保防潮材质。采用进口环保材料进行加工，不仅无铅无毒无害，还能防水防潮。

6.4 燃气报警系统

6.4.1 燃气报警系统的组成

燃气报警系统是由能够检测环境中的可燃性气体浓度的仪器和具有报警功能的设备组成的系统，系统的最基本组成部分包括：气体信号采集电路、模—数转换电路、单片机控制电路等。

气体信号采集电路一般由气敏传感器(燃气传感器)和模拟放大电路组成，将采集到的气体信号转化为模拟电信号。模—数转换电路(A-D)将从燃气检测电路检测到的模拟信号转换成单片机可识别的数字信号后送入单片机。单片机对该数字信号进行处理，并对处理后的数据进行分析，判断其是否大于或等于某个预设值(也就是报警阈值)，如果大于则会自动启动报警设备发出报警声音，反之则为正常状态。

为使报警装置更加完善，可以在声音报警基础上加入光闪报警，变化的光信号可以引起用户注意，弥补嘈杂环境中声音报警的局限。在此基础上，最新型的燃气报警系统甚至能联网，通过 Wi-Fi/GPRS/4G 信号传送到用户的手机上，有短信的形式，还有 APP 推送的形式，让用户第一时间得知自己家中的情况。

6.4.2 燃气报警系统传感器

燃气探测器又称可燃气体探测器，它是对单一或多种可燃气体浓度响应的探测器，如燃气报警系统的核心是气体传感器，俗称“电子鼻”。这是一个独特的电阻，当“闻”(探测)到燃气时，传感器电阻随燃气浓度而升高，燃气达到一定浓度之后，电阻也会达到一定的水平，单片机就会启动报警功能，发出声光报警。

可燃气体探测器有催化型可燃气体探测器、半导体可燃气体探测器和自然扩散燃烧式探测器三种类型。

1. 催化型可燃气体探测器

催化型可燃气体探测器是利用难熔金属铂丝加热后的电阻变化来测定可燃气体浓度的。当可燃气体进入探测器探口时，在铂丝表面引起氧化反应(无焰燃烧),其产生的热量使铂丝的温度升高,铂丝的电阻率便发生变化。需要注意的是,这种类型的探测器使用寿命较短,其中的难熔金属丝需要较频繁地更换。

2. 半导体可燃气体探测器

半导体可燃气体探测器使用灵敏度较高的气敏半导体元件。它在工作状态时,如遇到可燃气体,半导体电阻会下降,下降值与可燃气体浓度有对应关系。

3. 自然扩散燃烧式探测器

自然扩散燃烧式探测器通过进气口输入的可燃气体使内部产生化学反应来达到高温燃烧的效果。在这种高温燃烧的环境中,燃烧的速度取决于氧气扩散的速度,当燃烧速度加快时,温度也会提高,内部电阻值也会升高,从而换算为进气口的可燃气体的比例和量的大小。

它燃烧所需的空气不是依靠风机或其他强制供风方式供给的氧气,而是依靠自然通风或燃料本身的压力引射空气来获得助燃氧气。

6.4.3 燃气探测器工作原理

可燃气体探测器采用高品质气敏传感器、微处理器(高端单片机),结合精密温度传感器,能够智能补偿气敏元器件的参数漂移,工作稳定,环境适应范围宽,无须调试,采用吸顶或旋扣安装方式,安装简单,接线方便,广泛用于家庭、宾馆、公寓、饭店等存在可燃气体的场所进行安全监控和火灾预警。可检测天然气、液化石油气、人工煤气和气体酒精等。

燃气探测器一般为直流供电,报警后可输出一对继电器无源触点信号(常开、常闭可跳线设置),用于控制通风换气设备或为其他设备提供常开或常闭报警触点。有的还会安装无线模块,信号可以被发送到无线模块中。

当环境中可燃气体浓度达到事先设定的阈值时,能发出声光报警信号,可以输出继电器无源触点信号。

当周围环境可燃气体浓度降到相应阈值以下时,处于报警状态的探测器将自动恢复到正常工作状态。

6.4.4 家用燃气报警器

家用燃气报警器一般安装在厨房,作为预防煤气泄漏的一种预警手段。燃气报警器的核心是探测器,可以实时显示燃气浓度。当探测器检测到燃气浓度达到事先设定好的报警设定值时，便会输出信号给燃气报警器，燃气报警器发出声光报警并启动外部联动设备（如排风扇、电磁阀、无线模块等）。对于探测器在现场对气体泄漏的感应数值，通常以各种气体爆炸下限的25%以下为报警浓度。

不同的可燃气体的爆炸下限和爆炸上限各不相同。根据相关规范，现有燃气报警系统的设计中均设定可燃气体的体积分数在爆炸下限的20%～25%（或以下）和50%时发出警报。爆炸下限的20%～25%时报警称作低限报警，而爆炸下限的50%时报警称作高限报警。

家用燃气报警器有独立工作型、联网型、混合联网型3种工作方式。独立型报警器独立安装，外接220V或者12V、24V电压（一般都以直流电压为主），报警器独立工作。检测空气中可燃气体浓度，当达到设定的浓度时，通过报警器上的声光报警装置发出报警信号，以达到预防燃气泄漏、保证家庭人身财产安全的目的。

在联网型工作方式中，燃气管道上的电磁阀可与燃气泄漏报警系统连接或与消防及其他智能报警控制终端模块（如手机端APP）等连接，实现现场或远程的联动控制。联网型家用燃气报警器的主要功能是：一旦发现燃气泄漏，当超过燃气报警浓度时，系统便自动紧急关闭电磁阀，切断该用户的燃气供应，并发出声光报警信号，联动控制排风扇。

在混合联网型工作方式中，报警器在报警的同时自动切断电磁阀，并通过小区安防监控系统或者其他消防报警系统将信号送到小区的监控主机，可以通过小区短信平台将用户家里燃气泄漏报警信息发送到用户的手机上。也有的产品配备控制主机，可向用户拨打电话提醒。

家用燃气报警器适用于煤气、天然气、液化石油气等可燃气体存在的场所，城市安防、小区、公司、工厂、学校、公寓、住宅、别墅、仓库、石油、化工、燃气配送等众多领域可单独使用，报警后可输出一对继电器无源触点信号。常开、常闭可自行跳线设置，对由于气体泄漏发生的燃烧、中毒、爆炸等事故可以进行燃气检测及报警。报警器具有灵敏度高、稳定性高、种类全、体积小等特点。

6.5 烟雾报警及消防联动

6.5.1 烟雾报警系统介绍

烟雾报警系统是一款非常重要的安防产品，即使在掉线状态或者没有网关的情况下也是可以工作的。除了不能给手机、平板电脑等移动设备发送报警消息以外，本地报警与切断总开关是完全可以的，可以全面保障用户家庭的安全，避免因可燃气体泄漏引发的火灾。

1. 烟雾报警系统功能简介

烟雾探测器广泛用于家庭厨房中，通过监测烟雾的浓度来实现对火灾的防范，特别是在火灾初期、人不易察觉的时候就进行报警。

以厨房智能防火系统为例，介绍烟雾报警系统的规划与安装。厨房智能防火设计通常包括家用火灾报警探测器、家用火灾控制器和火灾声报警器等。

(1)感觉器官——火灾报警探测器。火灾报警探测器主要作用是探测环境中是否有火灾发生。火灾报警探测器一般用可燃气体传感器和烟雾传感器。生活中，为了家庭安全，厨房及每间卧室都应该分别设置一个火灾报警探测器。

在厨房设置可燃气体传感器时，要注意以下5点。

1)若厨房使用的是液化气，应选择丙烷探测器，并将其设置在厨房下部。

2)若厨房使用的是天然气，应选择甲烷探测器，并将其设置在厨房顶部。

3)连接燃气灶具的软管及接头在橱柜内部时，探测器应设置在橱柜内部。

4)可燃气体探测器不应设置在灶具上方。

5)要注意联动功能，这样便可自动关断燃气的可燃气体探测器，联动的燃气关断阀应设置为用户可以自己复位的关断阀，还要具有胶管脱落自动保护的功能。

(2)人为操纵——火灾报警控制器。厨房火灾报警控制器应独立设置在明显的、便于操作的位置，当采用壁挂方式安装时，底边离地面应有1.3～1.5m，火灾报警控制器能够通过联动控制电气火灾监控探测器的脱扣信号输出来切断供电线路或控制其他相关设备。

(3)高声报警——火灾声报警器。一旦发生火情，火灾声报警器可以在还没有产生明火的时候就探测到火情，发出高声报警，并在几秒之内迅速给家人或小区保安或物业传递远程报警信号，第一时间通知相关人员赶到着火地点及时进行火灾抢救。火灾声报警器一般具有语音功能，能接收联动控制或由手动火灾报警按钮信号直接控制发出警报。

2. 烟雾报警系统传感器

烟雾传感器就是通过监测烟雾的浓度来实现火灾防范的，烟雾报警器内部采用离子式烟雾传感器，离子式烟雾传感器是一种技术先进、工作稳定可靠的传感器，被广泛运用到各种消防报警系统中，性能远优于气敏电阻类的火灾报警器。它在内外电离室里面有放射源镅241，电离产生的正、负离子，在电场的作用下各自向正负电极移动。在正常情况下，内外电离室的电流、电压都是稳定的。一旦有烟雾窜逃外电离室，干扰了带电粒子的正常运动，电流、电压就会有所改变，破坏了内外电离室之间的平衡，无线发射器就会发出无线报警信号，通知远方的接收主机，将报警信息传递出去。

(1)离子式烟雾传感器。离子式烟雾传感器对微小的烟雾粒子的感应要更为灵活一些，对各种烟雾能够均衡响应。离子式烟雾传感器干扰了带电粒子的正常运动，由电流、电压的改变来确定空气中的烟雾状况。

(2)光电式烟雾传感器。光电式烟雾传感器内有一个光学迷宫，安装有红外对管，无烟时红外接收管收不到红外发射管发出的红外光，当烟尘进入光学迷宫时，通过折射、反射，接收管接收到红外光，智能报警电路判断是否超过阈值，如果超过就发出警报。

光电式烟雾传感器可分为减光式和散射光式，分述如下：

1)减光式光电烟雾传感器。该传感器的监测室内装有发光器件及受光器件。在正常情况下，受光器件接收到发光器件发出的一定光量；而在有烟雾时，发光器件的发射光受到烟雾的遮挡，使受光器件接收的光量减少，光电流降低，传感器发出报警信号。

2)散射光式光电烟雾传感器。该传感器的监测室内也装有发光器件和受光器件。在正常情况下，受光器件接收不到发光器件发出的光，因而不产生光电流。在发生火灾时，当烟雾进入监测室时，由于烟粒子的作用，使发光器件发射的光产生漫射，这种漫射光被受光器件接收，使受光器件的阻抗发生变化，产生光电流，从而实现了烟雾信号转变为电信号的功能，传感器收到信号然后判断是否需要发出报警信号。

(3)气敏式烟雾传感器。气敏式烟雾传感器是一种监测特定气体的传感器。它主要包括半导体气敏传感器、接触燃烧式气敏传感器和电化学气敏传感器等，其中用得最多的是半导体气敏传感器。它的应用主要有一氧化碳气体的监测、瓦斯气体的监测、煤气的监测、氟利昂(R11、R12)的监测、呼气中乙醇的监测、人体口腔口臭的监测等。

气敏式烟雾传感器将气体种类及其与浓度有关的信息转换成电信号，根据这些电信号的强弱就可以获得与待测气体在环境中的存在情况有关的信息，从而可以进行监测、监控、报警；还可以通过接口电路与计算机组成自动监测、控制和报警系统。

其中气敏传感器有以下几种类型：

1)可燃性气体气敏元件传感器。包含各种烷类和有机蒸气类(VOC)气体，大量应用于抽油烟机、泄漏报警器和空气清新机。

2)一氧化碳气敏元件传感器。一氧化碳气敏元件可用于工业生产、环保、汽车、家庭等一氧化碳泄漏和不完全燃烧监测报警。

3)氧传感器。应用很广泛,在环保、医疗、冶金、交通等领域需求量很大。

4)毒性气体传感器。主要用于监测烟气、尾气、废气等环境污染气体。

气敏式烟雾传感器的典型型号有MQ-2烟雾传感器。该传感器常用于家庭和工厂的气体泄漏装置,适宜于液化气、丁烷、丙烷、甲烷、酒精、氢气、烟雾等的探测。

6.5.2　烟雾报警系统应用技术

从内在原理来说,烟雾报警器就是通过监测烟雾的浓度来实现对火灾的防范。烟雾报警器内部采用离子式烟雾传感器,它是一种技术先进、工作稳定可靠的传感器,被广泛运用到各种消防报警系统中,性能远优于气敏电阻类的火灾报警器。它在内外电离室里面有放射源镅241,电离产生的正、负离子在电场的作用下各自向正负电极移动。在正常的情况下,内外电离室的电流、电压都是稳定的。一旦有烟雾窜逃外电离室,干扰了带电粒子的正常运动,电流、电压就会有所改变,破坏了内外电离室之间的平衡。于是无线发射器发出无线报警信号,通知远方的接收主机,将报警信息传递出去。

6.5.3　烟雾报警系统应用场景

烟雾报警系统是防止火灾最重要的手段之一,它的作用是探测到由大量烟雾导致的火灾时会主动发出警报。烟雾报警器的灵敏度要根据地理位置与应用的环境来考虑,这样才可能达到使用者需要的效果。

1. 空气采样烟雾探测报警系统

空气采样(吸气式)烟雾探测报警系统是一种基于激光散射探测原理和微处理器控制技术的烟雾探测系统。该系统的工作原理是通过分布在被保护区域内的采样管网采集空气样品,经过一个特殊的两级过滤装置滤掉灰尘后送至一个特制的激光探测腔内进行分析,将空气中由于燃烧产生的烟雾微粒加以测定,由此给出准确的烟雾浓度值,并根据系统事先设定的烟雾报警阈值发出多级火灾警报。

空气采样烟雾探测报警系统由探测器、采样管网、专用电源、过滤器、管道吹洗阀门和三通组件等组成。可通过探测器自带的继电器与传统消防报警系统的输入模块相连接，实现与现场消防设施的联动功能。

空气采样烟雾探测报警系统的设计理念是在火灾发生初期（过热、闷烧或气溶胶初步生成等无可见烟雾生成阶段）即发出火灾预警，报警时间比传统的烟雾探测器要早好几个小时，因而可以做到及早探测、及早处置，将火灾造成的损失降到最小。相比传统的火灾报警系统，空气采样烟雾探测报警系统具有以下特点。

（1）探测灵敏度高，报警阈值调节范围广。空气采样烟雾探测报警系统的激光源运行稳定，误报率极低，灵敏度比传统的点式感烟探测器高 1000 倍左右，不但可以在火灾发生初期发现产生的常规火情，也可以发现由于线路过载造成的电缆绝缘皮软化所产生的微小烟雾颗粒，从而做到及早报警、及早处置，并为人员的有序疏散提供了宝贵的时间。

（2）多级报警，提高火灾报警系统性能。空气采样烟雾探测报警系统可提供四级烟雾报警（报警、行动、火警 1、火警 2 模式和四级气流报警（紧急低气流、低气流、高气流、紧急高气流）模式，可以对低烟雾浓度的火灾初级阶段（例如，开关柜中发生的电气火灾）和烟雾快速增长的火灾（例如，蓄意纵火）都能够提供早期预警，各级烟雾和气流的报警阈值可以根据不同的要求和环境进行手动或自动设定。通过对系统报警阈值的设定和设定不同级别报警模式下的防灾救灾预案，可大大提高火灾报警系统的性能，真正做到火灾的及早报警、及早处置。

（3）系统具有自学习功能。空气采样烟雾探测报警系统具有烟雾和气流自动学习功能，可以根据用户所设定的学习时间不断取样分析，最终将最适合烟雾和气流的四级报警阈值设定好，在提高灵敏度的同时，尽可能地避免系统的误报警。

（4）探测器具有故障自诊断功能。探测器的故障自诊功能不需要使用专业设备或计算机就可以实时、快速地将系统发生的故障诊断出来，便于及时维护和快速响应。

（5）系统管网布置方式灵活、美观。空气采样烟雾探测报警系统的采样管网布置灵活，主管道可以隐蔽安装，布置在不被发觉的吊顶里，而采样孔可以根据需要，通过毛细管道灵活布置在地铁车站站台、站厅顶部区域、设备走廊顶部区域、闷顶内、空调回风口和设备机柜内。这样既可以做到在烟雾运动的轨迹上进行拦截采样，又可以把采样点美观地融入装饰中，减少对公共区整体装修效果的破坏。相比之下，传统的点式探测器在遇到局部镂空吊顶时，为了符合消防规范的要求，需要在吊顶内和吊顶下方布置双层探测器，既增加了消防报警系统的造价，又因为需要预留探测器维护检修口而影响了公共区域的整体装修效果。

(6)系统施工简便、灵活。空气采样烟雾探测报警系统的安装和管路的施工非常简便、灵活。由于采样管道上没有任何电子元器件,所以既不需要预埋管道也不需要布线,只需要对采样管道进行固定(通常采用管卡或吊杆)即可,施工简便,耗时很短。

(7)系统运行维护成本较低。传统的普通烟感探测器需要定期拆卸进行清洁,以确保探测器能够按厂家标称的灵敏度进行探测。相比之下,空气采样烟雾探测报警系统的采样管道不含任何电子元器件,对环境的适应性强,仅需要对采样管网进行定期的气流吹洗就可以完成对系统的维护,不需要任何拆卸。空气采样烟雾探测报警系统还具有自身监控功能,能够主动提出维护要求,并进行在线维护。在维护期间,系统可正常运行,不仅降低了例行维护的成本,还提高了系统运行的可靠性。

空气采样烟雾探测报警系统的应用案例。在地铁中的某些区域,以空气采样烟雾探测报警系统替代传统烟感探测器是完全可行的,它是一种更有效、更可靠的技术选择。根据空气采样烟雾探测报警系统的特点,在地铁项目中,适宜应用的区域有:

(1)车辆段、停车场。采用空气采样烟雾探测报警系统能克服传统对射式感烟探测器灵敏度低、受建筑变形和车辆震动需要经常进行调节、校准的缺点。

(2)站台、站厅公共区和设备走廊。采用空气采样烟雾探测报警系统不仅能克服传统探测器安装、维护困难,影响吊顶装修效果的缺点,还能避免地铁活塞风对传统探测器灵敏度的影响,做到早期报警,早期疏散。

(3)全线变电所和电缆夹层。采用空气采样烟雾探测报警系统能克服传统的感温电缆报警迟缓、易误报、不便维护的问题。

(4)地铁中设有自动灭火系统的重要设备间和管理用房。在这些房间内采用空气采样烟雾探测报警系统,能做到火灾的早期预警,避免自动灭火系统的不必要启动。

2. 火灾报警器

火灾的起火过程一般情况下伴有烟、热、光三种燃烧产物。在火灾初期,由于温度较低,物质多处于阻燃阶段,所以产生大量的烟雾。烟雾报警器能对可见的和不可见的烟雾粒子进行检测,从而实现报警。火灾报警器是比较常见的烟雾报警器。

火灾报警器常见的应用场所有家庭住宅场所、商场、KTV、大型仓库、医院、其他公共场所等。

随着现代家庭用火、用电量的增加,家庭火灾发生的频率越来越高。家庭火灾一旦发生，很容易出现扑救不及时、灭火器材缺乏及在场人惊慌失措、逃生迟缓等不利因素，最终导致重大生命财产损失。所以对于火灾报警器的需求也变得迫在眉睫。

火灾报警器的主要功能：

(1)电气火灾监控报警功能。能以两总线制方式挂接 EI 系列剩余电流式电气火灾监控探测器，接收并显示火灾报警信号和剩余电流监测信息，发出声、光报警信号。

(2)联动控制功能。能够通过联动盘控制电气火灾监控探测器的脱扣信号输出，切断供电线路或控制其他相关设备。

(3)故障检测功能。能自动检测总线(包括短路、断路等)、部件故障、电源故障等，能以声、光信号发出故障警报，并通过液晶显示器显示故障发生的部位、时间、故障总数以及故障部件的地址和类型等信息。

(4)屏蔽功能。能对每个电气火灾监控探测器进行屏蔽。

(5)网络通信功能。具有 RS-232 通信接口，可连接电气火灾图形监控系统或其他楼宇自动化系统，自动上传电气火灾报警信息和剩余电流、温度等参数，进行集中监控、集中管理。

(6)系统测试功能。能登录所有探测器的出厂编号及地址，根据出厂编号设置地址，可显示电气火灾监控探测器的剩余电流检测值，能够单独对某一探测点进行自检。

(7)黑匣子功能。能自动存储监控报警、动作、故障等历史记录以及联动操作记录、屏蔽记录、开关机记录等。可以保存监控报警信息 999 条、其他报警信息 100 条。

(8)打印功能。能自动打印当前监控报警信息、故障报警信息和联动动作信息，并能打印设备清单等。

(9)为防止无关人员误操作，通过密码限定操作级别，密码可任意设置。

(10)能进行主、备电自动切换，并具有相应的指示，备电具有欠电压保护功能，避免蓄电池因放电过度而损坏。

6.6 空气质量监测系统

6.6.1 空气质量监测系统功能简介

随着生活条件的不断改善，许多人都拥有了自己的住房，住户在装修房子时不惜投入巨额费用，但各种家居材料的大量使用也产生了很严重的污染。很多装饰物中含有甲醛、氨气、苯等有毒气体，厨房油烟里的苯并芘、一氧化碳，植物花粉、香烟、病菌、灰尘及各类异味等都使家居环境污染越来越严重。同时，各种家用电器产生的紫外线辐射、室内温度的改变、电磁辐射等污染也会对人们的健康构成巨大威胁。家居空气质量监测系统就是在这种情况下应运而生，旨在监测室内环境空气状况并及时预报当前的空气质量，为人们的健康生活提供服务。

家居空气质量监测系统的工作基于半导体传感器，并结合当前比较成熟的电子信息技术来对室内污染气体的情况进行检测，最终实现对室内空气中各项技术指标的自动监测。

空气质量监测系统分为中央控制系统和空气监测子系统。它们在硬件上都采用微型工作站对数据进行接收和分析。

6.6.2　空气质量监测系统传感器

对室内环境进行监测的目的就是能够及时、全面、准确地发现室内空气质量情况及发展趋势，而整个空气质量监测系统中最重要的就是各个传感器。所使用的传感器种类及质量对空气质量监测系统的工作质量有着直接影响。空气质量监控系统包括控制系统、管理空气过滤系统以及对室内的湿度、温度、气体成分、压力和其他参数的监测系统。空气质量监测系统常用的传感器有 PM2.5 传感器和气压传感器。

1. PM2.5 传感器

PM2.5 传感器主要应用于环境监测系统、PM2.5 检测仪、新风系统、净化器及其他空气净化领域。PM2.5 激光粉尘传感器是数字式通用颗粒物浓度传感器，可以用来监测空气中单位体积内 0.3～10μm 悬浮颗粒物的个数，即颗粒物浓度，并以数字接口形式输出，同时可输出每种粒子的质量数据。可在 PM2.5 激光粉尘传感器中嵌入各种与空气中悬浮颗粒物浓度相关的仪器、仪表或其他环境改善设备，为其提供及时、准确的浓度数据。其主要特征有粒子计数精确，零错误报警率；小巧方便，安装位置随意，利于携带；磁浮风扇，超静音；实时响应；低功耗。

PM2.5 传感器的技术要求：可作为参考来测试环境的 PM2.5，适用范围为 0～999$\mu g/m^3$；稳定时间短，无须传统的预热方式；使用光学原理，反应时间更快；传感器的结构考虑了空气动力原理，采用的磁浮无刷电机可以长期使用；设计友好，方便拆卸清洁，使维护更简单；满足国家 GB 3095—2012《环境空气质量标准》和 WHO（世界卫生组织）对于颗粒物的空气质量准则值所规定的数值范围测试要求。

2. 气压传感器

气压传感器用于测量气体的绝对压强。主要应用于与气体压强相关的物理实验,如气体定律等,也可以在生物或化学实验中测量干燥、无腐蚀性的气体压强。

有些气压传感器的主要传感元器件是由一个对压强敏感的薄膜组成,这个薄膜可以连接一个柔性电阻器。当被测气体的压强降低或升高时,会导致这个薄膜变形,该电阻器的阻值也会随之改变。从传感元件获得 0~5V 的信号电压,经过 A-D 转换传递给数据采集器,数据采集器再以适当的形式把结果传送给计算机。

某些气压传感器的主要部件为变容式硅膜盒。当该变容式硅膜盒外界大气压力发生变化时,单晶硅膜盒随之发生弹性变形,从而使得硅膜盒平行板电容器电容量发生变化。

6.6.3 空气质量监测系统应用场景

1. 家居室内空气质量监测系统

人们约有 80%以上的时间是在室内度过的,是人们接触最密切、最频繁的空气环境。室内环境是一个系统的集成,是与建筑有关的、多性态因子的总和。体现了建筑装修、材料科学、通风空调、环境控制等多个专业领域的协调与配合,由设计施工、监测、验收、维护运行与管理控制所形成。人们现在所接触到的室内环境或多或少存在着空气质量的问题,问题的来源有油烟、甲醛、有害病毒菌、室外 PM2.5 废气、花粉过敏源、宠物毛发等。

由此可见,建造一个健康舒适的生活环境是多么重要。

2. 生产工厂空气质量监测系统

很多产品在生产时对生产工厂的室内环境也有较高的要求,例如,微型电子产品生产工厂对空气中的粉尘颗粒度要求极高,生产工人在进入生产车间之前都要进行消毒、穿防尘服,做到全面防护,避免粉尘进入车间对产品的质量造成影响;药品生产工厂对生产环境的温湿度以及药品储存温湿度都有着严格的要求,稍有差池就有可能导致药品失去药效,无法使用。

3. 大棚蔬菜种植

空气质量监测在现代人们的生产生活中举足轻重、不可或缺，除了上述室内家居环境、电子产品生产工厂需要空气质量监测系统进行空气质量的监测，储存粮食的仓库也需要安装空气质量监测系统，来防止粮食变质。目前流行的蔬菜种植大棚同样需要空气质量监测系统，以保证种植的各种蔬菜的存活率及生长速度。

4. 贝虎环境卫士

贝虎环境卫士是具备健康云计算功能的空气质量监测仪，实现了对传统空气质量检测仪的彻底颠覆。它能365天不间断收集用户家里的全部空气数据，包括PM2.5、有机污染物、噪声、温度、湿度、一氧化碳等。它还能将所有收集的环境数据上传到贝虎云平台进行分析、计算，让用户打开手机应用软件就能一目了然看到家里当前空气质量状况，并了解其是否威胁到家人的健康。

同时，通过云计算长期分析出的健康数据，贝虎环境卫士会实时提醒室内人员纠正对环境造成不良影响的行为，给出有效的改善建议，让用户和其家人始终生活在一个健康、舒适、安全的环境里，预防及杜绝由不良环境导致的健康问题。

第7章　家居智能化的典型应用

智能家居作为一种新的产品技术，改变了传统的家居环境，为人们创造了方便、节能、舒适的新家居生活。

智能家居自产生以来，日益受到广泛关注。随着科技与社会的发展，智能家居已经逐渐走向成熟，目前越来越多的家庭开始接受智能家居的各种产品。现如今，国内智能家居市场的参与者既有老牌传统的家电企业，也有新兴的互联网科技企业。新的智能家居业务能够借助传统家电的品牌影响力，起步更高。但是目前，国内智能家居行业尚处于混战时期，谁能够引领技术、打开市场，谁就将为企业在智能家居这个新兴市场中的发展打下坚实的基础。

7.1　智能家居系统在家庭的应用

智能家居主要针对家庭用户，包含家居安防、家庭保健、智能厨房、智能生活、智能环保等方面。

7.1.1　家居安防

家居安防技术主要是指应用于安全防范的电子、通信、计算机与信息处理及其相关技术，如电话报警技术、视频监控技术以及计算机网络技术等。

目前常用的家居安防技术有以下几种。

(1)安装红外线防盗报警装置。这种报警装置处于工作状态时，能发射肉眼看不见的红外光，只要人进入光控范围，该装置便立即发出报警声响。

(2)安装电磁密码门锁。安装这种锁，从外面开锁时需先按密码，否则无法开锁；若撬开，锁上的报警装置就会发出报警声响，这样就会惊动室内的人或邻居，可以吓跑盗贼或将盗贼擒获。

(3)积极配合、踊跃参加城市小区报警联网系统。用户安装这种报警设备后，如遇危险情况（如入室盗窃），报警器将通过预先设置好的防区自动发出报警，派出所的接警装置立即自动显示用户的确切地址，民警即可迅速出警到达案发现场，抓获案犯。

(4)部署家庭视频监控系统，包括各种摄像机、摄像头等。

传统的监控、门禁、报警等安防设备都离不开各种传感器。传感技术同计算机技术与通信技术一起被称为信息技术的三大支柱。如果把计算机看成处理和识别信息的“大脑”，把通信系统看成传递信息的“神经系统”的话，那么传感器就是“感觉器官”。安防和传感器的完美结合，将安防行业带入一个新的阶段。智能家居、智能汽车的新市场，伴随着传感器的发展与兴起，正变得越来越好，传感器越发受到市场的追捧。没有传感器，安防就没有意义。家庭安防系统通常由传感器、传输通道和报警控制器三部分构成。常见的传感器有红外线人体感应器、门窗磁感应器、烟雾火灾探测器、燃气泄漏探测器、防水淹探测器等。家庭安防系统利用主机，通过无线或有线连接各类探测器，实现防盗报警功能。

目前，传统安防领域正在面临新技术、新产品的冲击，安防行业迎来了新一轮的机遇和挑战，行业内竞争门槛越来越高，竞争越来越激烈。针对传统家居安防系统存在布线困难、建设及维护费用高、接收报警信息不及时等问题，智能家居中普遍采用了基于物联网实现家居安防系统的设计方案。比如，系统采用嵌入式ARM9(Advanced RISC Machines)处理器为系统主控制器，负责接收并处理工作在2.4GHz频段的射频芯片所传送的报警信息，并通过对象名解析服务器查阅报警信息服务器，使用Socket(套接字)实现报警信息的网络传输，最终达到及时报警、远程终端实时监测家居安全情况的目的。

为了克服传统安防系统功能单一、误报率较高、不能实现实时远程报警的缺点和不足，有的厂商提出了基于GPRS远程无线通信模块的智能家居安防系统设计方案。采用红外线及GPRS通信技术实现了多方式遥控设防撤防，解决了主控制器操作的实时记录问题，为事后分清责任提供了技术保障。现场调试结果表明，该系统操作简便灵活，有效地实现了对室内环境信息(如温度、湿度)的实时监控、险情检测(如火警、被盗、可燃气体泄漏及水泄漏)、多方式遥控设防撤防、远程监控和报警以及操作数据实时记录等功能，提高了家庭安防报警的可靠性。

智能家居安防系统正朝着前端一体化、视频数字化、监控网络化、系统集成化的方向发展，图像压缩技术、网络传输技术和电子技术的飞速发展使得图像监控系统已成为当今智能家居监控领域的一个新热点。手机在智能家居中应用越来越广泛，很多厂商研究并设计了无线智能家居安防报警系统，将人体感应传感器、无线门磁传感器等信号通过无线收发模块传送到控制主机，主机通过控制图像采集模块进行图像的采集处理，处理后通过网络将信息传送到远程手机上，使主人可以更及时、更直观、更清晰地掌握家中的安防情况。

7.1.2 家庭保健

健康是人们最关注的问题，在家中也希望能得到时刻的保健，家庭健康护士使得这成为现实。在家里使用电子化测量仪器，测量体温、脉搏、血压、血糖、血氧浓度、心电图、身高、体重等数据，然后通过智能家居系统传输到合作医院数据中心长期保存，系统可以对用户的数据做出基本的分析和建议，合作医院的医生会对用户的健康状况进行实时了解及长期跟踪，通过对数据的分析及时发现用户的健康隐患，为用户提供医疗健康咨询服务及健康指导。

此类系统一般有以下特点。

测量体温、脉搏、血压、血糖、血氧浓度、心电图、身高、体重并保存。

长期跟踪，提供基本的分析和建议。比如根据使用者的测量数据，及时判断身体健康是否出现异常并提出合理建议。

家庭健康系统包含“健儿高”儿童成长护士，有效解决儿童成长三大杀手：长不高、肥胖、性早熟，有效保障儿童健康成长发育。

目前市场上已经有很多智能健康设备问世，比如智能马桶。这款产品最大的亮点是将马桶与健康结合起来，可在用户正常如厕的同时检测其身体健康状况。其主要功能包括20多项检测数据(尿酸、尿糖、蛋白质、血含量等)、健康问题咨询、直接挂号预约、推送健康生活方式和营养食谱，以及购买健康产品的商城等。

相信每个人都向往住在一个全智能的健康空间，最近Google就公布了一项关于智能浴室的新专利，描述了未来的智能浴室。该专利配备多个非侵入式健康监测仪器，包括超声波浴缸以及压力传感马桶，可以全面监测用户的心血管健康。谷歌智能浴室内包括分析大便的压力传感智能马桶、能3D扫描内部器官的超声波浴以及其他设备，提供了一系列依据监测数据制订的健康计划。

Google的这项智能浴室专利称，该技术可以探明“人体生理系统的功能状态及趋势”，监控人类生理系统的功能状态和趋势。智能浴室内的设备可给远程服务器或计算设备传送数据，虽然专注于心血管，但很多设备可以在其他领域使用并且可以在疾病形成之前对人发出警示。这些设备中的每一个都将提供一个远程服务器或计算设备，如健身带或笔记本电脑，声波或电信号形式的传感器数据。虽然该专利主要集中在心血管疾病方面，但谷歌并没有限制其技术，说它可以用于其他生理系统，如神经、内分泌、肌肉、骨骼和皮肤系统。

7.1.3 智能厨房

厨房是家居主人关注的地方，人们都希望能从繁重的厨房劳动中解放出来。智能厨房系统的物理元素主要包括家具、电器和物理空间等，其服务性主要表现在为家庭提供健康的、美学的和人性化的服务。智能厨房家具的交互设计主要表现在人机交互设计和人际交互设计两个方面。人机交互设计可通过行为流程分析进行影响因素设计、产品运动方式设计等，提高厨房的工作效率和舒适度，提升用户对产品品质的情感体验；人际交互设计可通过重新创建日常生活场景、拓展智能厨房家具的功能等，促进家庭成员之间的人际交互，创建和谐的家庭关系和氛围。

随着物联网、智能家庭的迅速发展，厨房内智能化家电产品越来越多，但是如何才能提升用户体验，让用户更好地体验到智能带来的实际好处是产品设计及研发人员应该注意的问题。随着科学技术的不断发展和成熟，人们的生活也发生了翻天覆地的变化，可是厨房设备大多还停留在传统工艺和流程上，大到餐饮厨房，小到家庭小厨房，基本上都是如此。专家预测，也许在十年以后，人们的厨房灶台、电冰箱等多种厨房设备都将从厨房里渐渐消失，留给人们做饭炒菜的可能就是一个架子和一张桌子了。只需按几个按钮，计算机就会根据你今天的身体状况，调配出最适宜的早餐菜谱；只需输入所需的烹调材料，智能化网络电冰箱就会告知最近的超市为您送货上门；只需将食物送进烤箱，全自动的食物加工系统就会把美味佳肴奉上；只需把用后的餐具放入保洁柜内，光能灭菌程序就会把细菌一扫而空……厨房采用零污染环保材料和系列低碳节能设备，整个厨房突出智能（自动、方便、省力等）和生态（健康、安全、舒适、环保等）的主题，包括绿色环保、人性化、方便、娱乐、互动等内容。

厨房通过统一控制的中控系统实现了厨房的最大智能化。最新视窗操作只需两点触摸单击，就能实现家庭娱乐和多种智能化控制需求。烹饪仓与集成热系统相连，形成集烤箱、微波炉、光波炉为一体的实物加工空间。烹饪仓为全自动的垃圾自处理、烹饪配料自供给的多箱一体化烹饪系统。

7.1.4 智能生活

智能生活是一种有新内涵的生活方式，也是人们追求的目标。智能生活平台依托云计算技术的存储，在家庭场景功能融合、增值服务挖掘的指导思想下，采用主流的互联网通信渠道，配合丰富的智能家居产品终端，构建享受智能家居控制系统带来的新的生活方式，多方位、多角度地呈现家庭生活中更舒适、更方便、更安全、更健康的具体场景，包括智能灯光控制、智能电器控制、智能学习等方面。

1. 智能灯光控制

智能灯光控制可以实现对全宅灯光的智能管理，可以用手机、计算机等多种智能控制方式实现对全宅灯光的遥控开关、调光、全开全关及会客、影院等多种一键式灯光场景效果，并可用定时控制、电话远程控制、计算机本地及互联网远程控制等多种控制方式实现功能，从而达到智能照明节能、环保、舒适、方便的功能。其具体有以下优点。

(1)控制。就地控制、多点控制、遥控控制、区域控制等。

(2)安全。通过弱电控制强电方式，控制回路与负载回路分离。

(3)简单。智能灯光控制系统采用模块化结构设计，简单灵活、安装方便。

(4)灵活。根据环境及用户需求的变化，只需做软件修改设置就可以实现光布局的改变和功能扩充。

2. 智能电器控制

智能电器控制采用弱电控制强电方式，既安全又智能，可以用手机、计算机等多种智能控制方式实现对饮水机、插座、空调、地暖、投影机、新风系统等的智能控制，避免饮水机在夜晚反复加热影响水质，在外出时断开插座，避免电器发热引发安全隐患；以及对空调地暖进行定时或者远程控制，让用户到家后能马上享受舒适和新鲜的空气。其具体有以下优点。

(1)方便。可实现就地控制、场景控制、遥控控制、电话计算机远程控制、手机控制等。

(2)控制。通过红外线或者协议信号控制方式，安全、方便、不干扰。

(3)健康。通过智能检测器，可以对家里的温度、湿度、亮度进行检测，并驱动电器设备自动工作。

(4)安全。系统可以根据生活节奏自动开启或关闭电路，避免不必要的浪费和电气老化引起的火灾。

3. 智能学习

智能学习可以充分利用网络的各种资源，利用计算机、辅助设备等，根据用户的学习记录通过大数据等技术分析其不足的地方，对用户需要加强的薄弱环节进行智能推送，从而大大提高学习效率。相信，未来人们的学习会变得越来越有趣，每个人都有一个智能助手来提示和辅导你的学习，将线上线下模式结合起来、家庭与课堂结合起来，大家都越来越热爱学习。

7.1.5 智能环保

这几年生态恶化、雾霾等环境问题日益严重，环保已经成为大家热议的话题，该话题也引发了消费者对环保家居的关注。研究表明，中国53.8%的消费者在选购时很注重产品的环保性，特别是对于家居产品，有36%的消费者将环保作为首要标准。

智能环保是借助物联网技术，把感应器和装备嵌入各种环境监控对象(物体)中，通过超级计算机和云计算将环保领域的物联网整合起来，从而实现人类社会与环境业务系统的整合，以更加精细和动态的方式实现环境管理和决策。智能环保不仅可应用于智能家居之中，在智慧城市等方面也有重要的应用。

智能环保系统的总体架构包括感知层、传输层、智能层和服务层。感知层是利用任何可以随时随地感知、测量、捕获和传递信息的设备、系统或流程，实现对环境质量、污染源、生态、辐射等环境因素的更透彻的感知。传输层是利用环保专网、运营商网络，结合3G、卫星通信等技术，将个人电子设备、组织和政府信息系统中存储的环境信息进行交互和共享，实现更全面的互联互通。智能层是以云计算、虚拟化和高性能计算等技术手段，整合和分析海量的跨地域、跨行业的环境信息，实现海量存储、实时处理、深度挖掘和模型分析，实现更深入的智能化。服务层是指利用云服务模式，建立面向对象的业务应用系统和信息服务门户，为环境质量、污染防治、生态保护、辐射管理等业务提供更智能的决策。智能环保对于政府、企业、社会、家庭都具有重要的价值，人们在家居中也可以感受到智能环保带来的好处，如智能空气净化、智能垃圾处理等，都可以给人们的生活带来方便，并且为环保做出贡献。

7.2 智能家居系统在小区的应用

7.2.1 智能小区的功能特点

一般地讲，智能小区具有如下功能特点。

(1)常用远程无线网络技术。智能家居系统的远程控制需要远程无线网络技术的支持，经常用到的远程无线网络技术是GPRS。GPRS网络向用户提供了一种低成本、高效的无线分组数据业务，特别适用于家庭控制这种间断的、频繁的、突发性的、少量的数据传输，也适用于偶发的大数据量传输，就本系统而言，GPRS通信方式从成本、可靠性、性能等方面都可以满足应用的要求，而 GPRS 通信方式可以和 Internet 进行无缝连接，用户在智能手机等移动终端上进行简单的配置即可接入 Internet 与家庭网关进行通信，这将大大方便对智能家居系统的远程管理。本系统选用的传输模块满足的功能要求：GPRS 无线传输技术，具有实时在线、高速传输等优点。

(2)ZigBee 网络结构及节点。ZigBee 技术可以支持三种网络拓扑，它们分别是星形、树形、网状形，三种拓扑结构在应用中各有优缺点，用户可根据自己的需要来选择相应的拓扑结构。ZigBee 标准了 ZigBee 网络中的三种设备：协调器、路由器和终端设备。根据 ZigBee 网络拓扑结构，选择各设备的位置等。

(3)精度要求。根据家庭自动化公共应用概要（Home Automation Public Application Profile)规定：节点自发数据或轮询的频繁度不能超过 7.5s，紧急情况除外。所以节点发送数据的频率不能低于 7.5s，我们可以在实际情况发生变化后，通过传感器将数据通过 ZigBee 网络传输给用户。可以通过中断，执行中断服务例程来处理紧急情况。温度采集 3s 一次精确到 0.1℃，温度控制精确到 2～3℃。当出现紧急事故时要求报警系统能够迅速发送短信到用户终端，并且自动报警。

(4)故障处理要求。当系统中某个终端节点掉电后，要及时供电，否则可能采集不到数据或不能将采集到的数据传输到路由节点，即不能实现实时监控。当路由节点不能接收终端节点的数据或不能将终端节点的数据传输给协调器节点时，会导致通信不正常。此时维修人员应向该路由节点重新编写程序，使该路由节点加入原来的网络中，且通信正常。要实现远程实时监控，必须保证终端在使用时供电和功能正常。

(5)安全性要求。本系统的连接是通过特殊协议进行通信的，协议不公开，连接需要密码。

(6)运行环境规定。

1)接口。节点主板微控制器适用的是 CC2530，ZigBee 新一代 SOC 芯片 CC2530 是真正的片上系统解决方案，支持 IEEE 802.15.4 标准，CC2530 是理想 ZigBee 专业应用，支持新 RemoTi 的 ZigBee RF4CE，这是专业界首款符合 ZigBee RF4CE 兼容的协议栈，和更大内存将允许芯片无线下载，支持系统编程，此外 CC2530 结合了一个完全集成的、高性能的 RF 收发器与一个 8051 微处理器。

2）控制。智能家居控制系统所用到的控制主要有红外线控制、GPRS控制等。

3）局限性。此系统的局限性主要在于它对网络系统的依赖，它的整个系统主要是基于CC2530的ZigBee的网络节点系统的设计，所以网络节点如果太多，容易造成网络堵塞，从而影响整个系统的运行速度。根据用户所选用的户型设计智能家居系统，每一层应用一个网络系统，每一层网络系统对应一个协调器，来缓解网络的拥挤状态。

7.2.2　住宅智能化系统

1. 住宅智能化系统简介

住宅智能化系统是现代生活中住户对居住功能需求的一个系统，该系统的内容、构成和配置因国度、家庭的经济实力、家庭的知识结构以及个人喜好的不同而不同。因此，家庭自动化系统的配置与住宅小区的定位（安置型、实用型、舒适型）以及住户的类型比例（经济实力、知识结构等）有着密切的关系。

从结构上来讲，住宅智能化系统由家庭电气自动化控制、家庭布线、家庭安保报警、防火防煤气报警和紧急求助报警等构成；其中，家庭控制器作为每一个家庭的控制管理中心，成为智能小区网络中一个智能节点，互联成网并上联至小区综合管理系统（见图7-1）。

从信息组成上来讲，住宅智能化系统包括语音信息、数据信息、视频信息以及控制信息等。

从功能上来讲，家庭自动化系统包括安防功能（可视对讲、防盗报警、火灾探测、煤气泄漏报警、玻璃破碎探测以及紧急呼叫按钮）、控制功能（灯光控制、空调控制、门锁控制以及其他家用电器的控制）、娱乐功能（家庭影院、有线/卫星/闭路电视、交互式电子游戏）、通信功能（电子邮件、远程购物体育、三表远传、多功能电话、ISDN、VOD、信息高速公路的接入）等。

2. HAC(Home Automation Controller)——家庭自动控制器

家庭自动控制器HAC是智能小区综合管理系统网络中的智能节点，既是家庭自动化系统的“大脑”，又是家庭与智能小区管理中心的联系纽带。该控制器是采用LONWORKS技术、Neuron芯片开发的高性能控制器，技术先进、功能强、可靠性高。

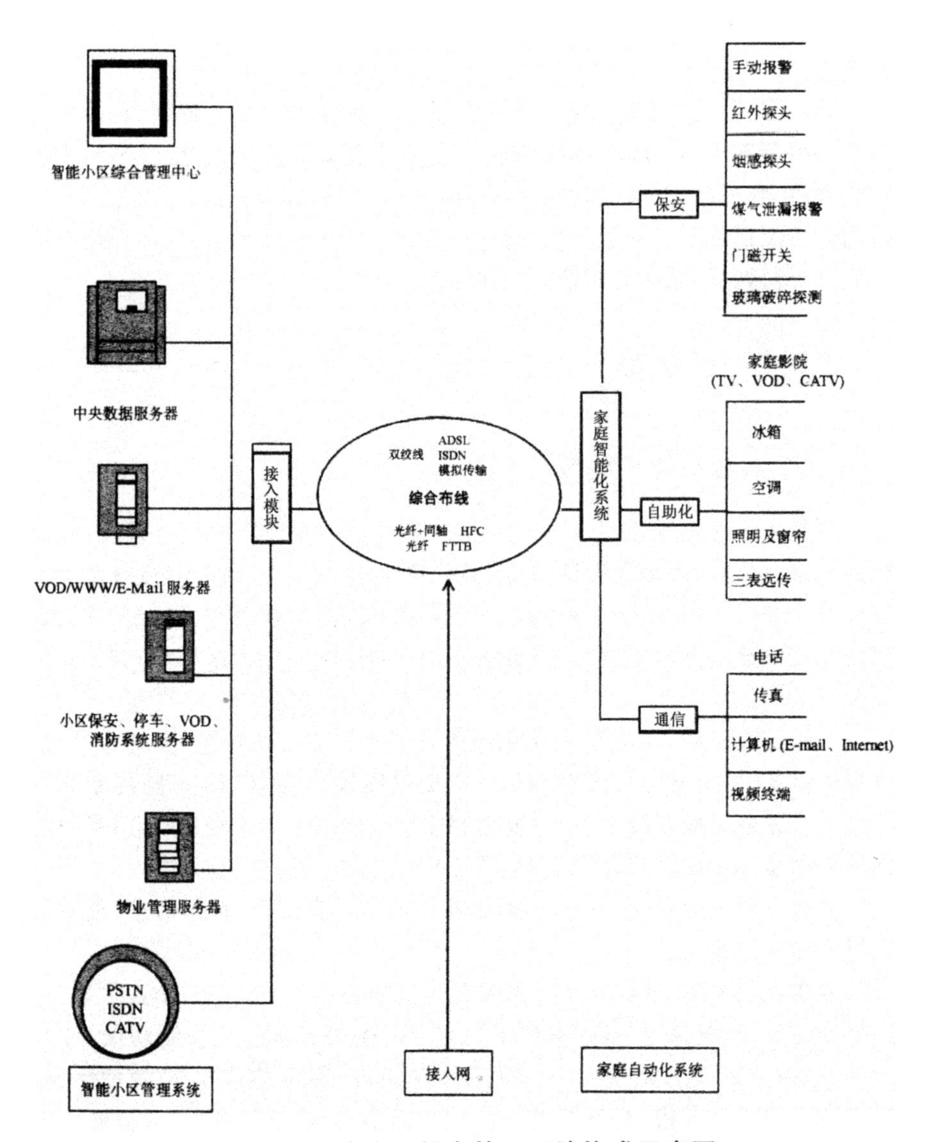

图 7-1 智能小区综合管理系统构成示意图

(1)家庭控制器的组成。家庭控制器的组成详见表 7-1。

(2)三表远传功能。三表远传子系统是基于最先进的智能控制网络 LONWORKS 技术开发研制 HAC——家庭控制器的一个功能,系统开放性好,互操作性强,组网简单,既可以自成系统,实现住宅能耗的高质量管理,也可以与智能小区系统中的其他子系统无缝地集成到一起。

表 7-1　家庭控制器结构

<table>
<tr><td rowspan="13">家庭控制器</td><td rowspan="2">控制器主机</td><td>中央处理器 CPU</td></tr>
<tr><td>通信模块</td></tr>
<tr><td rowspan="3">通信网络单元</td><td>电话通信模块</td></tr>
<tr><td>计算机互联网模块</td></tr>
<tr><td>CATV 模块</td></tr>
<tr><td rowspan="4">设备自动化单元</td><td>照明监控模块</td></tr>
<tr><td>空调监控模块</td></tr>
<tr><td>电器设备监控模块</td></tr>
<tr><td>水、电、煤气数据采集模块</td></tr>
<tr><td rowspan="4">安全防范单元</td><td>火灾报警模块</td></tr>
<tr><td>煤气泄漏报警模块</td></tr>
<tr><td>防盗报警模块</td></tr>
<tr><td>安全对讲及紧急呼叫模块</td></tr>
</table>

(3)可视对讲功能。可视对讲子系统功能如下：

1)通过监视器上的图像可将不希望见的来访者拒之门外，因而不会浪费时间受到推销者的打扰，也不会有受到外表可疑的陌生人攻击的危险，只要安装了接收器，你甚至可以不让别人知道你在家。

2)当你回家，说“是我”，按下呼出键，即使没人拿起听筒，屋里也可以听到你的声音。

3)如果你有事不能亲自去开门，你可按下“电子门锁打开按钮”开门。

4)按下“监视按钮”，即使你不拿起听筒，你也可以监听和监看来访者最多 30s。来访者听不到屋里的任何声音。再按一次，解除监视状态。

(4)报警功能。系统主要功能如下：

1)可适用于不同制式的双音频及脉冲直拨分机电话；

2)可同时设置带断电保护的多种警情电话号码及报警语音；

3)自动识别对方话机占线、无人值守或接通状态；

4)按顺序自动拨通预先设置的直拨电话、手机，并同时传至小区管理中心；

5)可同时连接多路红外、瓦斯、烟雾传感器；

6)手动及自动开关、传感器的有线及无线连接报警方式；

7)传感器短路、开路、并接负载及电话断线自动识别报警；

8)报警主机与分机之间的双音频数据通信、现场监听及免提对讲；

9)设置百年钟，显示报警时间；熟悉遥控器密码设置及识别功能；

10)户外遥控设置及解除警戒；将主机隐蔽放置，关闭放音开关可无声报警；遇警及时挂断串接话机优先上网报警；户外长距离扩频遥控汽车被盗及时报警。

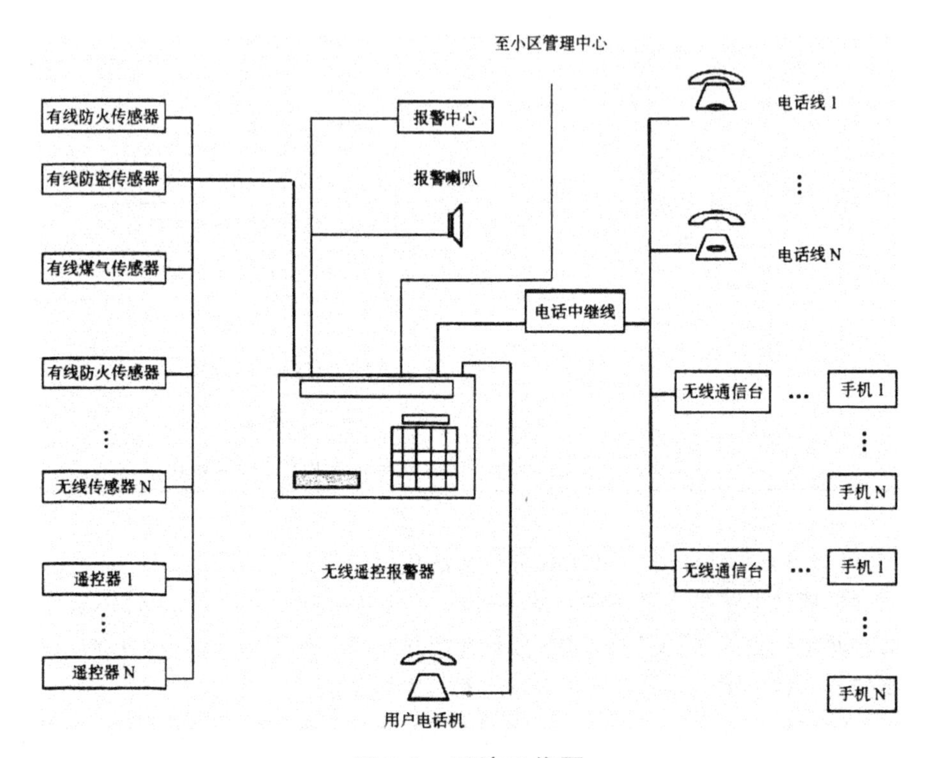

图 7-2　系统工作图

(5)控制功能。HVC——家庭控制器的控制功能强大，可实现对家庭的灯光照明控制、空调控制、窗帘的开启/关闭控制、用电器具的开/断电等控制功能，并可通过电话或 Internet 对家中的情况进行远程监控。

3. 智能小区安全防范系统

主要包括保安集成系统(见图 7-3)、防盗报警系统、出入口监控系统、周边防范系统、闭路电视监控系统、电子巡更管理系统等。

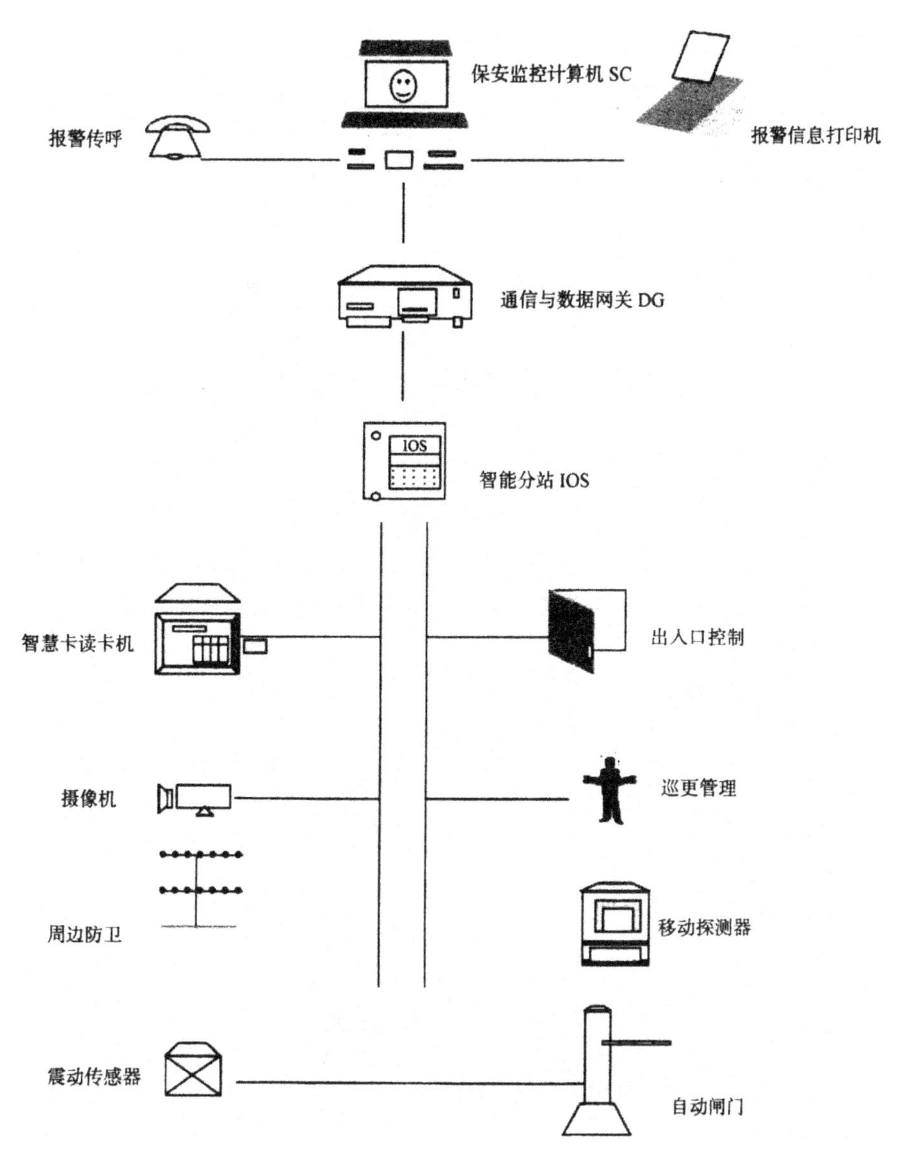

图 7-3　综合保安管理系统图

4. 停车场管理子系统

停车场管理子系统的主要设备及功能包括电子显示屏、感应式读卡机、对讲系统、临时卡出卡机、自动挡车道闸、电磁检测器、车位检索系统、防盗电子栓等。停车场管理流程如图 7-4 所示。

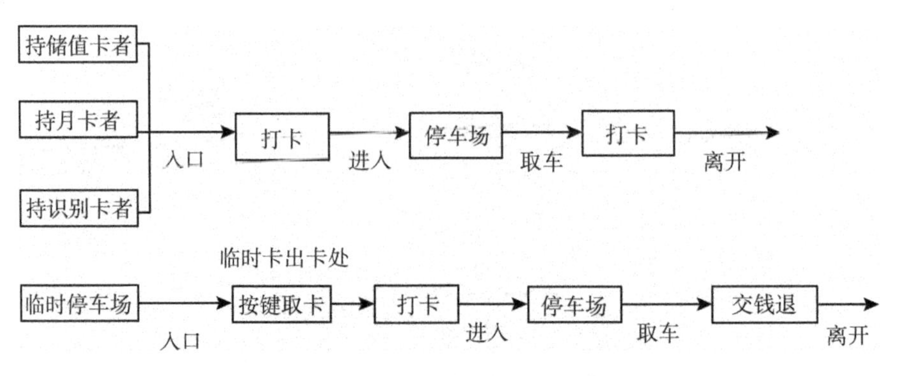

图 7-4　停车场管理流程示意图

5. LED 显示系统 LED 电子显示屏

大屏幕电子公告,每天可以向居民发布天气预报、报刊新闻、社区公告等,该电子公告可取代目前使用的公告黑板,具有很好的社会效益。大屏幕显示的内容由中心计算机控制,通过一套专用软件,可方便修改电子公告牌显示的内容。

系统构成如图 7-5 所示。

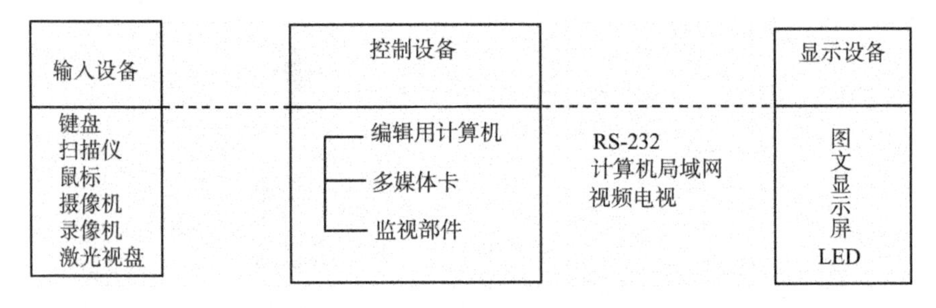

图 7-5　系统构成图

6. 照明、配电、给排水等系统控制

照明、配电、给排水等系统的控制均采用点对点式、全分布式智能控制网络技术,构网简单,控制功能方便灵活,在降低布线、施工成本的同时,大大提高了系统的可靠性。

7. 智能小区综合管理系统——IDMS-2000

信息网络结构如图 7-6 所示。

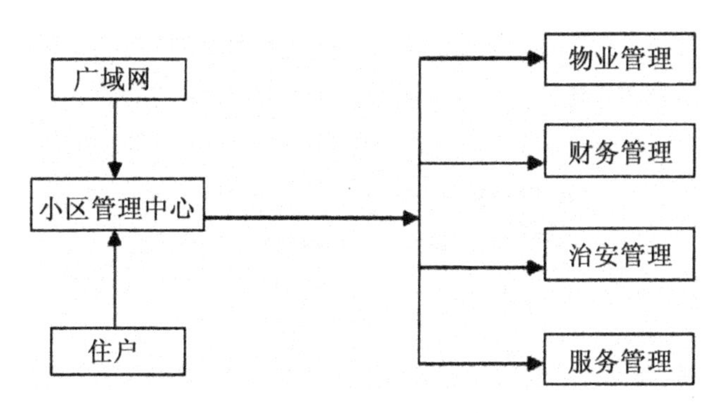

图 7-6　小区管理网络框图

智能小区综合管理 IDMS-2000 系统采用先进的智能控制网络技术 LONWORKS，充分挖掘了 LONWORKS 技术全分布式、开放性好、互操作性强、自由拓扑的网络结构等特点，将小区内多样的设备控制功能同保安监控、数据网络、视频传输等其他功能有机地结合起来，并可方便地同 WAN/Internet 相连，实现电子邮件的传递、远程购物/教育、远程医疗诊断、远程监控等功能，真正将小区的各种信息集成到一个管理平台上。LONWORKS 技术的采用，提供给人们安全、舒适、幽雅的生活环境、方便、快捷的现代生活方式，在节省并保护业者初期投资的同时，大大方便和简化了小区的物业管理。

7.3　智能家居养老应用

所谓智能居家养老，就是老年人无须去养老机构，留在自己家里，通过智能居家养老设备为老人提供个性化养老服务。智能居家养老是利用物联网技术，通过智能感知、识别技术与普适计算的整合，让人们最大限度地实现各类传感和计算网络的完整连接，让老人的日常生活（特别是健康状况和出行安全）能被子女等远程查看。智能居家养老是家庭养老、社区养老、居家养老的结合，并融入高科技手段，给老年人带来全程的监督照顾。不同的小区建立起自己的社区养老服务中心，这些服务中心是由政府、社会提供资金建立起来的，各个小区都有自己的网络，和每个家庭的网络相连，同时各个社区的网络都和政府的网络相连接。这样社区网络可以及时发现各个家庭网络出现的状况（家庭网络对老人的日常生活起到监督照顾的作用)，并且政府工作人员可以通过网络或是偶尔的走访，起到对社区服务中心的监督和考核。简单说，就是这种养老服务，是政府或市场，靠在社区建立起来的社区养老服务中心，为在家养老的老年人提供生活照顾、家政服务、康复护理和精神慰藉，同时融合先进的养老设备，对老年人实施管理、提供服务，使老年人在家就能养老，在家就能享受到在养老院一样的照顾，而且利用智能的设备使老年人在家养老更加放心，可以说智能居家养老是家庭养老、机构养老、社区养老、居家养老和先进技术的结合。

智能家居在养老院中的应用可以有以下场景：

(1)智能手环。每个老人配备一个智能手环，可以实时监测老人的心率、夜间睡眠状况等。在云端为每个老人建立健康信息账号，手环的监测数据在网络环境中自动上传至云端，存储在老人个人账号里。

(2)智能血压计、智能血糖仪。有看护人员或者老人自行定时测量血压和血糖，数据同样自动上传至云端每个老人名下的个人账号里。通过对云端账号里个人健康数据的分析，为老人制订更合理的饮食计划。

(3)智能家居摄像机。通过智能家居摄像机，可以实现远程监控查看老人实时的状况，老年人体质较弱，很容易出现意外情况，智能家居摄像机的应用，可以更及时地发现突发状况。

(4)跌倒传感器。当跌倒传感器监测到异常数据时，自动发送提示信息至管理系统，提醒管理人员及时查看老人健康状况。

(5)指纹密码锁。老年人的记性大多不是很好，时常会有忘记带钥匙的情况发生。配备指纹密码锁，直接输入指纹即可开锁。

(6)智能温控器。智能温控器实时监测室内温湿度数据，当数据达到非正常值时，可以自动开启空调或者供暖系统。

(7)智能空气净化器。空气净化器检测到室内空气质量过差时，自动开启净化空气，给老人一个健康舒适的环境。

(8)无线紧急按钮。无线紧急按钮随身携带在老人身上，或者安装在床头、客厅等易触摸位置，一旦有突发情况，老人可以一键呼救。软硬结合，硬件辅以软件，使老人居住环境更加方便，比如自动灯光、窗帘以及恒温恒湿，使得老人拥有更加舒适的居住环境，便捷的智能家居系统可以有效地减少风险活动，增加居住方便性，再加上紧急呼救系统等。综合考虑人员复杂性，通过简单的布局使得设备发挥最大的智能性。

7.4　智能家居系统的其他应用

7.4.1　智能教室

智能教室是数字教室和未来教室的一种形式，是一种新型的教育形式和现代化教学手段。基于物联网技术集智能教学、人员考勤、资产管理、环境智能调节、视频监控及远程控制于一体的新型现代化智能教室系统，是推进未来学校建设的有效组成部分。

智能教室基于物联网技术，主要由教学系统、LED 显示系统、人员考勤系统、资产管理系统、灯光控制系统、空调控制系统、门窗监视系统、通风换气系统、视频监控系统等组成，如图 7-7 所示。未来教室是智能校园建设中的一个重要成果，它将彻底颠覆学生和家长对传统教室的想象。在这个教室里，最大的变化是没有黑板，也没有粉笔，更没有教科书，只有一个像超大屏幕的电子白板，教师的手轻轻一指，所有的教程就以图文并茂、声像结合的形式出现在学生的眼前。而学生也不再需要背着几公斤重的书包，只要随手拎一个“电子书包”即可轻松上课。电子书包里装满了生动有趣的互动教材，能在上面直接做好作业并提交，也能在上面回答教师提出的问题，它就是一个专用的学习 Pad。

除了可当场布置课堂作业，并迅速反馈学生答题情况外，只要有网络，学生在家里或者在别的地方，就可以和教师进行远程互动，向教师提交作业，教师也可以即时在线批阅。据了解，未来教室最大的特色在于互动连接，除了课堂多媒体互动，还可以通过远程互动系统实现班级与班级、学校与学校之间的高清互动学习，学生就像坐在一个超大公共课堂，分享来自全球最好的教师的讲座与教学资源，学生共同学习书法、聆听国学，在这个未来教室里，可真正实现“天涯若比邻”！

走进“智慧教室”，液晶智能触控交互一体机、专业讲台、激光投影机、投影白板、高清录播系统、高清云台摄像机，Wi-Fi 全覆盖、学生配套 Pad 等不仅让人眼前一亮，更加值得人们特别关注的是，“智慧教室”的教学实现了多屏互动、能效管理、智能点名、数据自动采集等功能，为开展信息化教学模式和教学方式的探索，以及为研究教育技术学专业和各师范专业的师生提供了积极有效的教学实验环境。

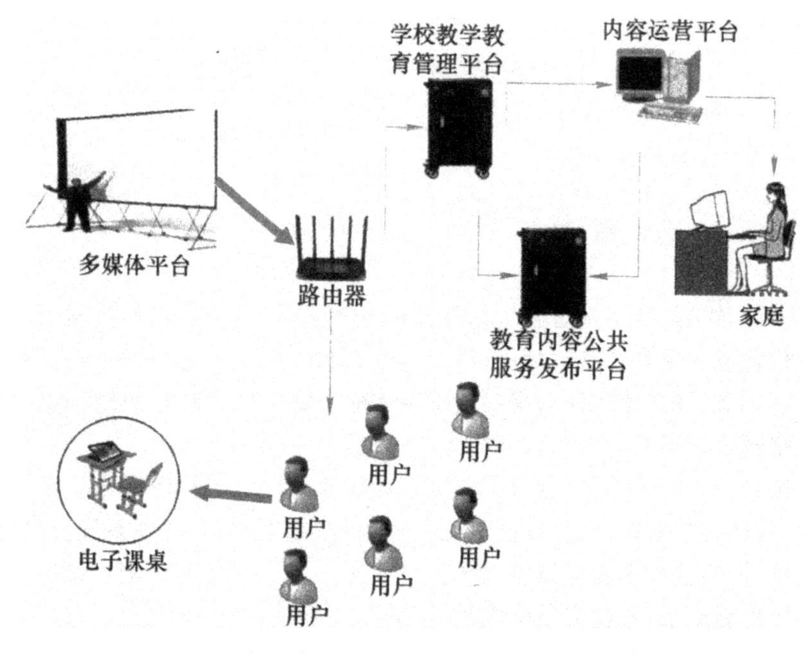

图 7-7　智能教室的组成

7.4.2　智能酒店

智能时代的到来结合互联网+，率先构建起了“大数据”化的互联互通体系。在这场不可抗拒的时代变革中，酒店行业找到了自己全新的定位和坐标。智能酒店就是以通信新技术计算机智能化信息处理、宽带交互式多媒体网络技术为核心的信息网络系统，能为消费者提供周到、便捷、舒适、称心的服务。

智能酒店是内部管理智能化。这里的内部管理指的是酒店内部营运数据处理和人员管理。比如，酒店内部每天的营业数据、财务数据分析、员工工资及成本核算、员工奖励制度核算等。当今的酒店内部管理智能化，往往体现在酒店管理系统这个软件平台的处理能力上。

酒店智能化系统包括安防系统、网络电话系统、电视广播系统、设备能源管理系统、运营系统、会议系统、套房智能化系统、娱乐系统、信息发布系统等。智能酒店客房的具体结构如图 7-8 所示。

未来的酒店到底有多智能？全球酒店预订网站 Hotels.com 亚太总经理 Abhiram Chowdhry 表示，未来的酒店将变得更加智能化，旅游的人们不再需要携带行李，3D 打印就能打出所有需要的东西，增强现实技术(AR)可为住户提供娱乐服务，进出房间只需面部识别一下，再也不用携带门卡。虽然真正实现智能酒店的愿景仍需数十年，但一些技术已在开发之中。

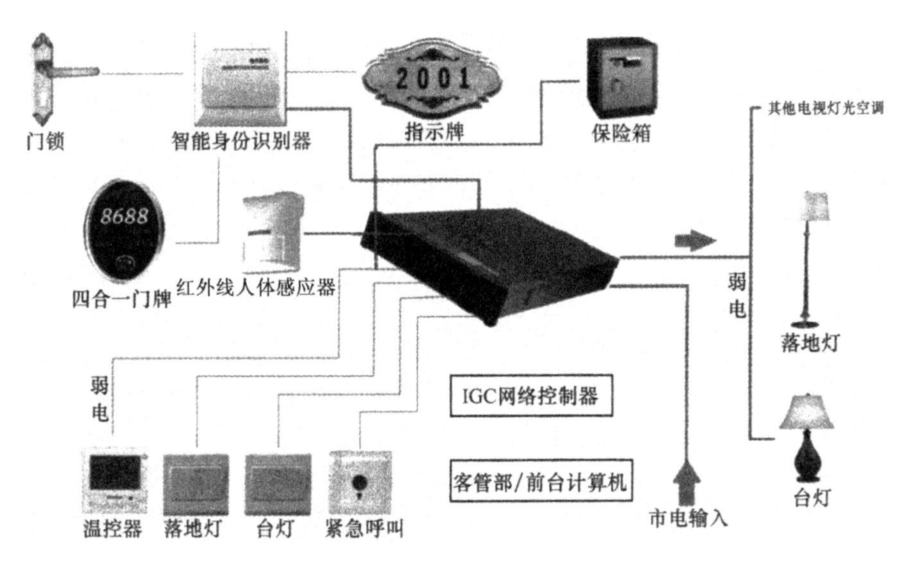

图 7-8 智能酒店客房的具体结构

7.5 智能家居系统综合应用案例

7.5.1 SIEMENS Smart+智能家居案例

1. 智能安防监控

智能安防报警系统协同家庭的各种传感器、功能键、探测器及执行器共同构成家庭的安防体系，是家庭安防体系的“大脑”。报警功能包括防火、防盗、煤气泄漏报警及紧急求助等功能，报警系统采用先进智能型控制网络技术，由计算机管理控制，实现对匪情、盗窃、火灾、煤气泄漏紧急求助等意外事故的自动报警。从周界围栏到私家花园、从户外到室内、从别墅的大门到各个楼层到主人贵重衣物和首饰柜，层层布防，做到无安保盲区和漏洞，严密地保护业主生命财产的安全。

2. 智能照明

智能照明利用户外自然光，保持室内照度值恒定的同时，最大可能地节省能耗。它可感应并传送室内的照度值，还可以根据设置、发送开/关、调光控制命令，结合开关执行器控制可开关的灯以及调光执行器控制可调光的灯。还可集中控制家里所有灯和电器，按“就餐”“休息”“夜起”等场景键，预设的灯光和电器开关场景即刻闪现，无须再在睡觉前一一关灯，无须再摸黑起夜，更可创造浪漫灯光场景。

3. 智能遮阳

电动窗帘的开合或升降可以用智能面板或触摸屏进行任意控制，窗帘可以停在任意中间位置，如果是百叶窗，还可以对其叶片的角度进行任意调整。

除了可采用面板进行控制外，还可采用定时的方式对电动窗帘进行自动控制，例如，上午 6 点自动将客厅、书房的布帘打开，但纱帘保持关闭，给室内轻柔的光线；用户也可以在主卧室或门口按一下智能面板或触摸屏将住宅内的窗帘全部打开或关闭。电动窗帘与灯光的控制可以组合成不同的场景模式。

4. 智能空调、地暖

空调地暖的开关与调温可以通过本地的智能面板或触摸屏控制，除了可采用面板进行控制外，还可根据室外的温度和室内温度的比较进行温度的自动调温。

例如，室外为 32℃，室内为 28℃，控制系统会根据温度比较自动把温度调到 24℃，这样节省了每次开空调的麻烦。也可在主卧室或门口按一下智能面板或触摸屏将住宅内的空调地暖全部打开或关闭。电动窗帘、灯光、空调地暖的控制可以组合成不同的场景模式。

5. 设备远程控制

炎炎夏日，您是否期待一回家便享受清凉世界？能够即刻痛痛快快冲个澡？无论您身在何处，拿起手机便可操控。假如您到了公司才想起忘记关灯、关电器，则办公桌上的 PC、电话机便成为万能魔杖，家中一切尽可操控自如……

智能家电控制系统是对电器进行智能控制与管理的系统，把所有电器以一定的结构有机地组合起来，形成了一个管理系统，通过这个管理系统，用户可以对家中的电器进行集中遥控、定时、远程控制，甚至用计算机来管理家电，从而达到智能家电系统的节能、环保、舒适、方便。

6. 智能影音

套房、重要公共区域及花园需要智能背景音乐。可以通过手机或 Pad 作为遥控器，独立控制每个房间的音乐播放，根据自身需要选择理想的音乐家居模式，家庭成员在每个房间都可以听到高品质立体声音乐，并且可以独立选曲，调节高低音及音量，选择音源及音乐播放模式，设定不同的定时开关机时间。

7. 家庭影院

家庭影院就是在家里配置一套视听设备，并对影音空间进行严格的声学美学处理，将商业影院的影音效果完整地搬到家中，供家人或亲友欣赏，在舒适的家居环境中，享受到电影院般的影音体验。

打造一个完美的家庭影院一般需要配置以下设备：

①音响系统。AV 功放、音箱组，用来处理并呈现音频信号。

②视频系统。电视机或投影机、投影幕，用来呈现视频信号。

③节目源。播放机、碟片、计算机等。

④控制系统。实现对影院功能的智能化控制。

7.5.2　小米智能家居案例

小米产品理念："为发烧而生。"小米公司首创了用互联网模式开发手机操作系统、发烧友参与开发改进的模式。小米公司是一家专注于智能产品自主研发的移动互联网公司。近年来智能家居概念越来越普及，小米公司提出智能家居战略，以智能手机为中心，连接所有的设备，推动家电的智能化。为此小米做了三件事：做了通用控制中心，在手机上做了超级 APP；做了通用智能模块；提供专业云服务系统，很容易实时备份到云上。

1. 小米手环

小米手环的主要功能包括查看运动量、监测睡眠质量、智能闹钟唤醒等。可以通过手机应用实时查看运动量、监测走路和跑步的效果，还可以通过云端识别更多的运动项目。

小米手环能够自动判断是否进入睡眠状态，分别记录深睡及浅睡并汇总睡眠时间，帮助用户监测自己的睡眠质量。

小米手环配备了低功耗蓝牙芯片及加速传感器，待机可达 30 天。另外，它支持 IP67 级别防水防尘，意味着日常生活甚至是洗澡都无须摘下。

2. 小蚁智能摄像机

小蚁智能摄像机能看能听能说还能手机远程观看，这对于家里有老人的家庭无疑是一个很明智的选择，家里发生的事情随时随地都能看到，防止发生意外。画质也更升一级，高清 1080P 分辨率将细节展露无遗，稳定的还原度让画面细腻真实。

在夜里，强大的红外线夜视处理让黑夜里也能看得更清楚，安装在宝宝房里也能看到和听到宝宝的一切动静。

当用户离开家，家里没有人时，小蚁自动开启智能安防，防止外人的非法入侵。

3. 小米智能血压计

小米智能血压计非常适合家里的老人使用，为了减少老人测量血压操作设备的不便，小米智能血压计全新升级了设备与手机的连接方式，只需打开 APP，无须任何操作，智能血压计即可自动打开手机蓝牙并自动连接。

新一代升级之后的小米智能血压计每一次测量更准确稳定，产品更耐用、故障率更低。

小米的智能家居产品正在覆盖人们的衣食住行，除了小米手机、电视、小米盒子外，还包括空气净化器、小米智能插座、小米智能灯泡和小米移动电源等。小米的智能家居战略就是以智能手机为中心，连接所有的小米设备。

7.5.3 海尔 U-home

海尔 U-home 隶属于海尔集团，是全球领先的智能家电家居产品研发制造基地，是智能化产品的供应商和整套智能化解决方案的提供商，是全球智能化产品的研发制造基地，可以让人们享受到高品质的生活，让家和世界同步成为人们的生活理念，给更多使用海尔产品的用户提供个性化的产品。

海尔集团倡导的这种创新、高品质的生活方式被认为是未来家庭的发展趋势。海尔集团先后建立了 U-home 开发团队和世界顶尖的实验室，使海尔集团拥有了多项专利和自主专有技术；海尔集团的团队由包括近 20 名博士在内的高素质的智能家电专业人员组成，先后提出了智能家居、智能医疗、智能超市、智能安防、智能交通等解决方案。它与世界多家国际知名企业建立起了研发试验室，在信息化发展极快的时代，海尔智能家居是海尔集团研发的一个重要新领域。海尔智能家居以 U-home 系统作为一个重要的高平台，利用有线和无线网络连接的方式，把智能家居设备通过网络连接起来，达到了“家庭”“社区”“世界”之间的物物相连，实现了信息之间的互相传递，并且通过物联网实现对智能家居的感知和控制，从而使用户享受到了更高品质的生活。

海尔智能家居生活对体验海尔智能家居的用户的保证是：不管在哪，家都在用户的身边，给用户营造安全、健康、智能、温馨的家，轻松解决用户生活中的烦恼，让用户享受无时无刻的高品质生活方式。

海尔集团拥有全线的智能家用电器，拥有合法的 SP 服务资质，其中短信服务成为基本的平台，实现了远程控制、短信通知，为家电的故障反馈提供了一系列的保障，其中包括白家电和黑家电，完整的产品线让海尔的智能家居系统具有融合性和实用性。

参考文献

[1]周志敏,纪爱华.智能家居强弱电施工操作技能[M].北京:电子工业出版社,2017.

[2]辛长平.智能家居系统安装与接线[M].北京:中国电力出版社,2015.

[3]杭州晶控电子有限公司.智能家居 DIY[M].北京:中国电力出版社,2015.

[4]罗汉江,束遵国.智能家居概论[M].北京:机械工业出版社,2017.

[5]高立静.走进智能家居[M].北京:机械工业出版社,2015.

[6]于恩普.智能家居设备安装与调试[M].北京:机械工业出版社,2015.

[7]葛剑青,马恩惠.智能家居系统安装工艺与接线[M].北京:电子工业出版社,2015.

[8]郑静.物联网+智能家居:移动互联技术应用[M].北京:化学工业出版社,2016.

[9]林凡东,徐星.智能家居控制技术及应用[M].北京:机械工业出版社,2017.

[10]赵中堂.智能家居的技术与应用[M].北京:中国纺织出版社,2018.

[11]付蔚,童世华,王浩,等.智能家居技术[M].北京:科学出版社,2016.

[12]叶元林.基于蓝牙 4.0 的个人健康助理关键技术研究[D].重庆:重庆大学,2014.

[13]张玲,胡登基,徐永晋.智能家居系统中家庭网关的研究[J].仪表技术,2011(3):15-18.

[14]马瑞.分析短距离无线通信主要技术与应用[J].通讯世界,2015(11):95-96.

[15]杨静.短距离无线通信技术对比及其应用研究[J].无线互联科技,2016(13):12-13.

[16]赵红涛,张宇.短距离无线通信主要技术的应用探究[J].中国新通信,2017,19(1):86.

[17]李旭辉,梁晓炜.短距离无线通信技术在信息传输中的应用[J].信息通信,2017(2):200-202.

[18]徐兴梅，曹丽英，赵月玲，等. 几种短距离无线通信技术及应用[J]. 物联网技术，2015，5(11)：101-102.

[19]尚扬眉，武剑侠. 浅析短距离无线通信技术及其融合发展[J]. 中国新通信，2017，19(5)：10.

[20]袁晓庆. 蓝牙无线通信技术及其应用研究[J]. 中小企业管理与科技(下旬刊)，2015(4)：228-229.

[21]吴晨，杨晨光. 无线通信技术的发展研究[J]. 无线互联科技，2016(7)：5-6，14.

[22]吴丹. 蓝牙无线通信技术与实践[J]. 电子技术与软件工程，2016(2)：39.

[23]杨妍玲. 基于NFC技术的手机移动支付安全应用研究[J]. 现代计算机(专业版)，2015(20)：56-60.

[24]张玉清，王志强，刘奇旭，等. 近场通信技术的安全研究进展与发展趋势[J]. 计算机学报，2016，39(6)：1190-1207.

[25]王红香. 移动支付应用中的无线通信技术研究[J]. 计算机产品与流通，2018(5)：82.

[26]余理驹. 基于云计算的宽带无线通信资源系统设计与实现[J]. 通讯世界，2017(11)：65-66.

[27]郎为民，马同兵，陈凯，等. 移动云计算发展历程研究[J]. 电信快报，2015(2)：3-6，20.

[28]东辉，唐景然，于东兴. 物联网通信技术的发展现状及趋势综述[J]. 通信技术，2014，47(11)：1233-1239.

[29]许杰. 物联网无线通信技术应用探讨[J]. 无线互联科技，2018，15(14)：19-20.